地理信息系统应用与开发丛书

本书的出版得到闽江学院人才引进经费项目（项目编号：MJY19023）和闽江学院"三维GIS"产教融合应用型课程建设项目（项目编号：MJUYYKC2022028）的资助

三维GIS技术与实践教程

张红月　张建霞　辛宇　陈勇　编著

WUHAN UNIVERSITY PRESS
武汉大学出版社

图书在版编目(CIP)数据

三维 GIS 技术与实践教程/张红月等编著.—武汉：武汉大学出版社，2023.3(2024.7 重印)
地理信息系统应用与开发丛书
ISBN 978-7-307-23525-0

Ⅰ.三…　Ⅱ.张…　Ⅲ.互联网络—地理信息系统　Ⅳ.P208

中国国家版本馆 CIP 数据核字(2023)第 016122 号

责任编辑:鲍　玲　　　责任校对:李孟潇　　　版式设计:韩闻锦

出版发行:**武汉大学出版社**　(430072　武昌　珞珈山)
(电子邮箱:cbs22@ whu.edu.cn　网址:www.wdp.com.cn)
印刷:武汉科源印刷设计有限公司
开本:787×1092　1/16　印张:18　字数:427 千字　插页:1
版次:2023 年 3 月第 1 版　2024 年 7 月第 2 次印刷
ISBN 978-7-307-23525-0　定价:49.00 元

前　言

　　三维世界是在二维平面世界的基础之上增加了垂直坐标信息，形成的具有立体结构的空间。传统的二维地理信息系统（GIS）只能表达平面坐标信息，无法准确反映空间对象的高度和深度，因此无法进行立体空间分析和操作。而三维地理信息系统则是在二维 GIS 的基础上发展而来的，可以有效地展示空间对象的立体关系和空间特征，并进行三维空间分析和操作，以满足各行业应用的需求。

　　实景三维是一项国家重要的新型基础设施，其建设已被纳入国家"十四五"自然资源保护和利用规划。2022 年 2 月，自然资源部发布了《关于全面推进实景三维中国建设的通知》，其中明确了实景三维中国建设的五大要求：一是地形级实景三维建设，二是城市级实景三维建设，三是部件级实景三维建设，四是物联感知数据接入与融合，五是在线系统与支撑环境建设。目前，我国已经具备了包括地面测绘、遥感卫星、无人机航测倾斜摄影、激光雷达、移动测量系统等多种三维数据采集方法，以及云计算、区块链、5G 等技术的支持，推进实景三维中国建设的客观条件已经成熟。

　　在实景三维中国建设的背景下，三维地理信息技术在城市建设、交通旅游、电子商务、在线政务平台等领域得到了广泛应用，并且高等院校的测绘类专业也已经开始普遍开设三维 GIS 课程以满足社会需求。然而，市面上的三维 GIS 实践类教材相对较少，同时在线学习网站也缺乏相应的教学资源，因此培养三维 GIS 应用人才面临较大的挑战。

　　作为一门实践性极强的课程，急需打造一本综合理论与实践的应用型教材，并开发创新型实践项目，推广在线学习资源的建设。在此背景下，我们联合北京超图公司编写了这本《三维 GIS 技术与实践教程》教材。教材包含 8 章内容，每章节都设有教学目标、理论讲解与实训练习。前 7 章的实验案例是与理论内容配套的实践练习，第 8 章则是根据三维 GIS 在城市规划和地下管网中的应用而设计的综合性操作案例，对于加强理论知识的理解和学以致用十分有益。另外本教材的各章节配套课后思考题符合"高阶性"要求，是对理论和实验的提升，促使学生举一反三，融会贯通。本教材基于"全国 GIS 高等教育门户"（http：//www.edugis.net）和"学银在线"（https：//xueyinonline.com/）等网络平台，通过合理配置教材内容资源，录制视频等方式，实现了教材由平面向立体的转变，拓展了教材的适用范围。教材中代表性实验的操作视频，读者可以扫描章末二维码观看。此外，每一章末也配有实验数据二维码，可以下载使用。

　　本教材包含的实验在闽江学院测绘工程专业以及地理信息科学专业教学中试用了一年，效果良好，教材编写组通过教学尝试和不断完善，逐步形成了教材初稿。在教材编写过程中，得到了李进强、王库、唐丽玉、宋雪霞、孙小芳、谢志龙等老师和同学的全力支持，感谢他们在教材编写和评审修改等过程中所给予的帮助。此外，特别感谢北京超图软

1

件有限公司编写团队夏帆、魏雨、王婷、陈颖、孙苗苗、张梦意等，他们在本教材编写中给予了人力、物力上的帮助，没有这些帮助，本书很难及时完成。

由于编者水平有限，书中不妥之处在所难免，恳请读者批评指正。有读者如果需要课件和成果数据可以邮件联系张红月：zhanghy@ mju.edu.cn 或者辛宇：xinyu@ supermap.com。

（本课程资料及相关的实验数据可登录以下网址查看或者下载：https://www.xueyinonline.com/detail/231173750）

编者
2022 年 12 月

目　　录

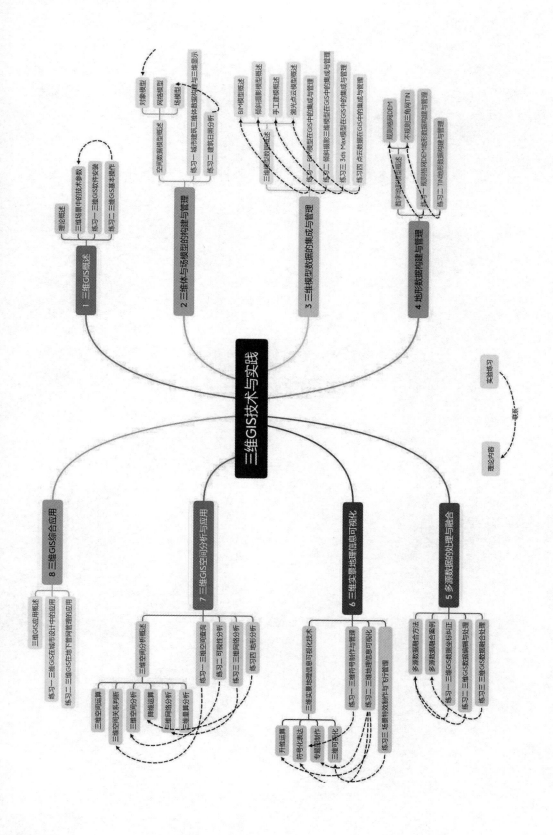

三维GIS技术与实践

1 三维GIS概述
- 理论概述
- 练习一 三维GIS软件安装
- 练习二 三维GIS基本操作
- 三维场景中的技术参数

2 三维体与场模型的构建与管理
- 空间数据模型概述
  - 对象模型
  - 网络模型
  - 场模型
- 练习一 城市建筑三维数据构建与三维显示
- 练习二 建筑日照分析

3 三维模型数据的集成与管理
- 三维模型数据概述
  - BIM模型概述
  - 倾斜摄影模型概述
  - 手工建模概述
  - 激光点云模型概述
- 练习一 BIM模型在GIS中的集成与管理
- 练习二 倾斜摄影三维模型在GIS中的集成与管理
- 练习三 3ds Max模型在GIS中的集成与管理
- 练习四 点云数据在GIS中的集成与管理

4 地形数据构建与管理
- 数字高程模型概述
  - 规则格网DEM
  - 不规则三角网TIN
- 练习一 规则格网DEM地形数据构建与管理
- 练习二 TIN地形数据构建与管理

8 三维GIS综合应用
- 三维GIS应用概述
- 练习一 三维GIS在城市设计中的应用
- 练习二 三维GIS在地下管网管理中的应用

7 三维GIS空间分析应用
- 三维空间分析概述
  - 三维空间量算
  - 三维空间关系判断
  - 三维空间分析
  - 阴影运算
  - 三维网络分析
  - 三维通视分析
- 练习一 三维空间查询
- 练习二 可视域分析
- 练习三 三维网络分析
- 练习四 地形分析

6 三维实景地理信息可视化
- 三维实景地理信息可视化技术
  - 开发代码表达
  - 符号化制作
  - 专题图制作
  - 三维可视化
- 练习一 三维符号制作与管理
- 练习二 三维地理信息可视化
- 练习三 三维场景特效制作与飞行管理

5 多源数据的处理与融合
- 多源数据融合方法
- 多源数据融合案例
- 练习一 三维GIS数据概述与纠正
- 练习二 三维GIS数据精确处理
- 练习三 三维GIS数据融合处理

实践练习
······
理论内容
联系

第 1 章 三维 GIS 概述

1.1 学习目标

本章将在简要介绍三维 GIS 产生背景的基础上,对三维 GIS 相关概念和 GIS 软件进行概述,并以国产 GIS 平台——SuperMap iDesktop 为例,介绍三维 GIS 软件的安装步骤及基本操作,深化学生对当今地理信息系统技术发展的认识和对专业的理解,增强对我国地理信息产业从弱到强发展的自豪感和责任感。

1.2 概　　述

在 1992 年,Goodchild 提出了地理信息科学的概念,他认为地理信息科学不仅仅是技术实现,而是一门与计算机科学、地理学、测绘学密切相关的学科。随着计算机技术的不断发展,地理信息科学的研究和应用领域得到了进一步拓展。地理信息系统(GIS)作为地理信息科学的一项技术,旨在运用地理信息技术手段对地学空间目标进行可视化表达与分析,是一门集计算机科学、地理学、测绘学于一体的学科。

二维 GIS 起源于 20 世纪 60 年代的计算机辅助制图,其基本思想是将现实世界中的地物与地理现象投影到二维平面(通常为 XY 平面)上进行表达。然而,随着 GIS 应用的深入,二维 GIS 逐渐暴露出其在处理空间数据方面的局限性。特别是在采矿、地质、石油、气象等领域,人们对真实的三维空间数据需求越来越迫切。二维 GIS 缺少高程信息和 3D 拓扑空间信息,牺牲了空间信息的真实性和完整性。

三维 GIS 是针对二维 GIS 的不足而发展起来的一项技术,它直接从三维空间的角度去理解和表达现实世界中的地物、地理现象及其空间关系。相对于二维 GIS,三维 GIS 具有更高的空间信息量和真实性,可以更加准确地表达地物、地理现象及其空间关系。这使得三维 GIS 在一些领域中有着广泛的应用,如城市规划、环境评估、建筑设计、电力通信等。二维 GIS 和三维 GIS 的技术流程比较见表 1-1。

三维 GIS 的实现需要结合地图数据、遥感数据、全球定位系统等多种数据源,并采用特定的建模技术来构建三维空间数据模型。同时,三维 GIS 的可视化和交互技术也是其核心所在,三维可视化技术可以直观地表达地物和地理现象,而交互技术则可以让用户自由探索和分析三维空间数据。

随着计算机技术和硬件性能的提高,三维 GIS 技术在数据处理和分析方面也越来越强大。例如,通过三维 GIS 技术可以对建筑物进行三维建模,从而实现可视化设计和预测建筑物的性能；在城市规划方面，可以通过三维 GIS 技术进行虚拟城市建模，模拟不同城市规划方案的效果并进行比较评估。三维 GIS 技术的发展和应用，不仅为地理信息科学领域的研究和应用带来了新的可能性，也为各行业的决策和管理提供了更加全面、精确的数据支持。

表 1-1　　　　　　　　　　　**二维 GIS 和三维 GIS 的技术流程比较**

技术流程	二维 GIS	三维 GIS
采集	采集平面坐标(x, y)，数据采集方式包括：天文测量技术、大地测量与工程测量技术、遥感技术、地图数字化技术	采集三维坐标(x, y, z)，分为地表三维和地下三维两种场景。地表三维数据主要有 GPS 测量技术、摄影测量技术、激光扫描测量技术、SAR 与 InSAR 技术四种获取方法。地下三维数据主要有钻孔勘探技术、应用地球物理技术以及三维地震技术三种获取方法
处理	数据量较小，拓扑关系明确，数据处理方法相对成熟	数据量较大，拓扑关系复杂，数据处理方法发展迅速
管理	二维地理数据早已实现通过空间数据库进行数据管理	很多三维地理数据还是通过文件来进行管理的，目前二三维一体化的数据组织与管理方式比较流行
运算	运算速度较快，效率较高	需要进行性能优化
分析	二维平面数据模型的空间分析能力强、硬件要求低	三维空间分析部分功能相对成熟，数据量大且拓扑关系复杂，对硬件要求高
显示与发布	显示与发布技术相对成熟，目前应用广泛	需要具备高效图形处理能力的 GPU 支持显示，利用视距进行场景调度和多细节层次粒度展示技术可以提高加载速率

为了厘清三维 GIS 相关研究主题，以"三维 GIS"作为主题检索词，在中国知网（https：//www.cnki.net/）进行检索，获取到相关主题的期刊文献近 2000 篇。利用作者关键词绘制知识图谱（如图 1-1 所示），出现频次最高的作者关键词中应用领域包括智慧城市、数字城市、城市规划、输电线路、地下管网、数字校园、数字矿山、数字地球、地质灾害、三维地质建模等；出现频次最高的技术关键词包括虚拟现实、数据模型、三维建模、二三维一体化、物联网、三维仿真、OpenGL、倾斜摄影、BIM、WebGIS 等；主流建模平台涉及 ArcGIS、ArcEngine、Skyline、SuperMap、SketchUp 等。

城市三维景观模型是基于虚拟地形景观模型的基础上，添加地面建筑物三维模型来构建的。地面建筑物三维模型可以通过矢量拉伸、数字摄影测量实测加纹理以及复杂造型叠加纹理三种方式实现。在叠加纹理贴图时，通常需要对其进行简化处理。虚拟地形景观模型和城市三维景观模型都属于 2.5 维表面模型。真正的三维实体模型不仅表达三维物体表面，还包括其内部物质。真正的三维实体模型可以通过 $P=f(x, y, z)$ 这个坐标 (x, y, z) 的函数来实现任意点的值。实现真正的三维实体模型需要强大的空间数据库技术来支持，并且需要与传统的二维 GIS 紧密结合，才能实现三维建模与可视化，并在此基础上实现三维空间分析的功能。

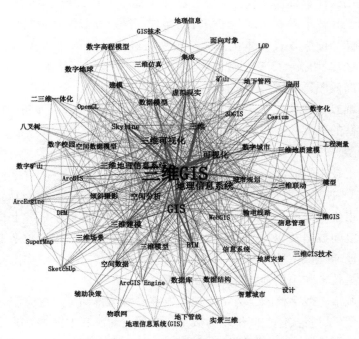

图 1-1　三维 GIS 关键词知识图谱

作为空间地理要素可视化分析的主要技术，三维 GIS 建模的流程涉及二三维空间数据获取与处理、数据存储与管理、可视化场景创建、面向业务的空间分析、应用系统开发到服务发布与共享一系列过程。实现空间信息的三维表达需要分别满足空间维度、空间关系、空间范围、空间语态以及时态五个方面的要求（肖乐斌，钟耳顺，刘纪远，等，2001），如表 1-2 所示。

表 1-2　　　　　　　　　　　空间信息的三维表达多维度要求

维度	要　　求
空间维度	二维地理信息在三维空间的表达
空间关系	几何图形、属性信息与拓扑关系集成
空间范围	地上与地下、室内与室外全空间一体化展示
空间语态	静态、动态模型的集成展示
时态	过去、现在与未来的集成展示

这五个方面的要求造成三维数据管理与性能的挑战，二三维地理信息的集成表达需要二三维空间数据的集成存储与管理，势必造成空间数据量大、分辨率和精度高的难题，进一步导致数据处理方面的计算密集性问题，而数据动态存取速度受限导致 I/O 瓶颈，网络

3

三维地理信息应用的需求日益旺盛造成服务器性能瓶颈。

新一代三维 GIS 技术需要从以下四个方面实现三维空间数据管理与性能优化：①二三维数据结构、存储和读取方式一体化；②基于视距进行场景调度和多细节层次粒度 LOD（Levels of Detail）层级切换；③基于数据内容的自适应多级缓存技术与 R 树空间索引技术结合；④以具有高效图形处理能力的 GPU 为中心，实现 CPU 和 GPU 负载均衡。目前我国 GIS 软件在三维 GIS 技术方面发展迅猛，已处于国际领先水平，如超图新一代三维 GIS 技术推出了更丰富的三维数据模型，并结合先进 IT 技术不断丰富其内涵，产生了由二三维一体化数据模型、二三维一体化 GIS 技术、多源三维数据融合技术、三维空间数据标准和三维交互与输出技术组成的新一代三维 GIS 技术体系。

1998 年，美国副总统戈尔发表了一份名为《数字地球：二十一世纪认识地球的方式》的报告。戈尔在报告中提出，应该在多种分辨率、三维地球的数字框架上，按照地理坐标集成有关的海量空间数据及相关信息，构建一个数字化的地球。这个数字地球将为人们认识、改造和保护地球提供一种重要的信息源和新技术手段。三维 GIS 作为数字地球构建的关键技术，在相关技术和应用领域得到不断发展。

随后，数字城市、数字校园、数字交通、数字考古等得到了广泛应用。数字化技术与地理信息系统结合可以将实体空间呈现为数字化管理空间，其中三维 GIS 技术是实现实景立体效果的主要技术手段。在"数字化一切可数字化的事物"背景下，"数字孪生"概念被提出，数字孪生术语最早应用于航太领域和工业界。数字孪生与 3D GIS 有一定的关系，但也存在一些不同之处：数字孪生是指通过数字技术对物理系统或过程进行建模、仿真和分析，以实现实际环境和虚拟环境之间的连接和交互。数字孪生不仅包括 3D 几何模型，还包括其他属性数据和行为数据等多维度信息，用于实现对真实世界的精细建模和仿真。3D GIS 则主要关注地理信息的三维建模、可视化和分析。它的数据包括地形、地物、建筑物、水系等等地理空间信息，并将其进行三维建模和可视化。与数字孪生不同的是，3D GIS 更加注重地理信息的可视化呈现和空间分析，而不是对真实世界的精细仿真。然而，数字孪生和 3D GIS 也存在一些重叠和相互补充的部分。例如，数字孪生可以通过 3D GIS 提供的空间信息和工具来建模和仿真地理信息系统，以实现更加精细和真实的仿真结果。同时，3D GIS 也可以通过数字孪生提供的其他属性和行为数据来丰富地理信息的建模和分析，以提高其精度和应用价值。

从实景三维建模到数字孪生建模，逐步地满足城市信息化建设的需求。综合"数字孪生"和"实景三维"两个检索词在 CNKI 上检索，检索到 22 条相关主题文献。构建作者关键词的知识图谱如图 1-2 所示。从知识图谱上可以看出，智慧城市、城市路网、物联网、智能铁路、三维查勘、流域水环境以及湖泊生态成为实景三维与数字孪生的典型应用场景。倾斜摄影、低空摄影、海量遥感影像、机载激光点云、测绘高新技术结合人工智能、协同计算等大数据技术成为实景三维建模以及数字孪生的关键技术手段。目前实景三维模型关注于空地融合以及全景建模研究。

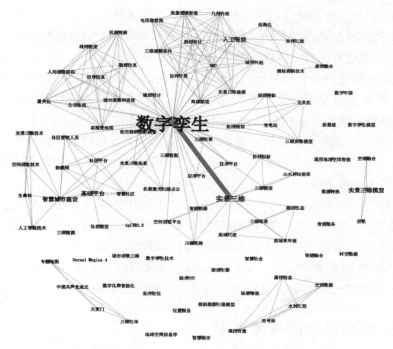

图 1-2　"数字孪生"与"实景三维"关键词知识图谱

　　三维 GIS 在国土、测绘、军事、海洋、石油、林业和矿业等众多行业中逐步得到成功应用，国内外 GIS 开发商也积极参与其中，并开发出一定的产品。2005 年美国 Google 公司推出的 GoogleEarth，对于空间信息可视化及其服务领域与范围的扩大，取得了不俗的成绩。同期国内各科研单位和高校相继建立实验室，深入研究三维虚拟地理环境相关技术，随后国内市场也出现了一些取得较好应用的产品，如 EV-Globe、GeoGlobe 等三维 GIS 软件产品。国内三维 GIS 技术紧跟国际发展步伐，国内企业充分发挥自主创新能力，推出了大批拥有自主知识产权的三维 GIS 优秀软件产品。目前国产三维 GIS 软件的质量和水平有了显著提高，已经占据国内市场的半壁江山，在许多行业和领域发挥了作用，推动了国家信息化建设(朱床，张利国，丁雨淋，等，2022；王继周，李成名，林宗坚，2003)。

　　三维 GIS 的现状和未来发展正在快速演变，这是由计算机技术、数据采集方法和分析工具的进步所带来的。在过去的十年中，三维 GIS 已经从其传统用途的建筑和城市规划领域中发展出来，并正在广泛应用于自然资源管理、灾害响应和交通规划等各个领域。

　　三维 GIS 发展的主要趋势之一是朝着三维和二维数据的分析和整合方向发展。这种方法被称为"三维/二维整合"，它允许用户在三维空间中分析空间数据，同时仍然可以从二维 GIS 的熟悉工作流程和工具中受益。三维 GIS 发展的其他趋势包括使用虚拟和增强现实进行可视化，整合实时传感器数据以及开发开源工具和数据标准。

　　未来，三维 GIS 预计将继续增长并扩展其应用领域。将三维 GIS 与人工智能和机器学习等新兴技术结合起来，将能够实现新的空间分析和决策。此外，新的数据采集方法(如无人机和其他无人机)的发展将提供更精确和详细的三维数据，可用于支持各种应用。总的来说，三维 GIS 的未来前景看好，它将继续发展和适应一个快速变化的世界的需求。

三维 GIS 未来的发展趋势体现在以下几个方面：

（1）更多源的数据结合：GIS 与点云数据、倾斜摄影模型、BIM 模型等数据的深度融合，推进了工程智慧化管理建设，未来将与更多的新型数据结合深度并应用到各行业。

（2）统一的技术规范：各建模软件、GIS 平台数据格式，对数据的要求各不相同，导致一套数据只能在一套平台中进行处理和应用，很难与其他软件或平台成果共享，为了解决这一难题，未来在行业内会逐渐形成统一的技术规范，比如武汉市国土资源和规划局出版的《城市三维建模技术规范》已经成为行业标准。

（3）更精确的空间决策：随着 GIS 技术深入应用到社会建设的各个环节，将会有更多样化的需求被提出，要求我们能够辅助更精确的空间决策，如更精准地监控某一个人的行为以保证社会治安、监控工厂仓库内所有物件以辅助库管、采购等。

（4）更智能的信息系统：与 AR（Augmented Reality）增强现实技术、AI（Artificial Intelligence）人工智能技术相结合打造更加真实、智能的三维应用。

1.3　三维场景中的技术参数

与二维 GIS 以"地图"为载体实现空间数据的可视化不同，三维 GIS 是基于"三维场景"实现海量空间数据的直观展现。什么是三维场景？三维场景如何表达三维现实世界？如何在二维的显示屏幕上实现三维交互操作？二维和三维空间数据加载到三维场景中的高度信息如何实现解析与显示？这些问题均涉及三维 GIS 相关的技术参数，即三维场景、相机、方位角、俯仰角和高度模式。

1.3.1　三维场景

三维场景是用虚拟化技术手段来真实模拟现实世界的各种物质形态、空间关系等信息。具体过程是以三维场景为载体，通过三维 GIS、测绘、三维建模、物联网等基础技术，收集数据资源，将空间数据显示在虚拟场景中，建立三维数字孪生世界，从而提供三维空间查询、分析和三维可视化管理等能力，用以辅助用户决策。三维场景可分为球面场景和平面场景。

1. 球面场景

球面场景的基本要素包括一个表面覆盖低分辨率影像的三维球体，可自定义选择显示/隐藏的大气层、海洋水体、经纬网、导航罗盘、状态条、帧率信息等辅助要素（如图1-3 所示），以及各类空间数据。在球面场景中，支持加载地理坐标系和投影坐标系的空间数据，以表达现实世界中的各类事物或现象，例如山川、海洋、地下岩层、建筑、空气污染物或通信信号分布等，如图 1-4 所示。

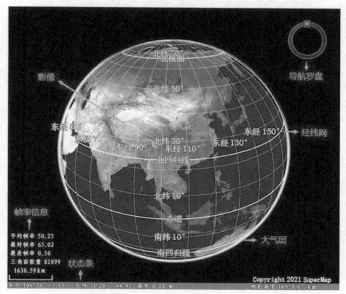

图 1-3　球面场景要素

图 1-4　球面场景加载空间数据

2. 平面场景

平面场景是将地球球面展开成平面用来模拟整个大地，其基本要素包括白色的大地平面，蓝色的天空贴图，可自定义显示/隐藏的导航罗盘、状态条、比例尺等辅助要素（见图 1-5）以及各类空间数据。相较于球面场景，平面场景不支持显示海洋水体、大气层和经纬网等辅助要素，支持加载平面坐标系和投影坐标系的空间数据以模拟现实世界，不支持加载地理坐标系的空间数据。图 1-6 表达的是加载了地形数据的平面场景。

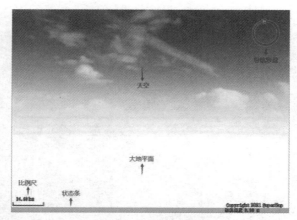

图 1-5　平面场景要素

图 1-6　平面场景加载地形数据

在 GIS 项目中通常采用球面场景，当项目数据为平面坐标系或要求以投影坐标系显示时则选用平面场景，例如在架空输电线路规划与设计的应用中，用户采用 AutoCAD 绘制二维线路，需要借助 GIS 软件实时进行三维的协同展示，即可采用平面场景。

1.3.2　相机

在三维地理信息系统中，主要通过指定相机的位置和方向来控制三维场景中所显示的视图。相机是三维场景中的一个虚拟镜头，决定了用户浏览三维场景的视角。默认状态下，相机的位置在经度和纬度都为 0°的位置，即在赤道和本初子午线相交的位置处，相机的方位角和俯仰角均为 0°，如图 1-7 所示。

1.3.3　方位角

方位角，又称地平经度（Azimuth angle，缩写为 Az），是在平面上量度物体之间的角度差的方法之一，如图 1-8 所示，是从某点的指北方向线起，依顺时针方向旋转到目标点方向线之间的水平夹角。在三维 GIS 中，*Y* 轴（纵轴）指向正北方向，垂直于三维场景窗口（即相机镜头）中心点方向上的延长线构成目标点方向线，相机的方位角则为相机绕 *Z* 轴顺时针旋转与 *Y* 轴的夹角，取值范围是[0°，360°]。

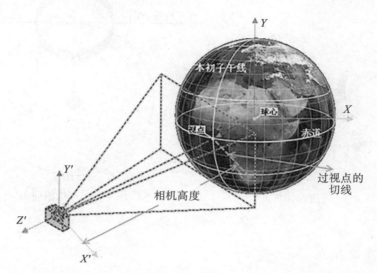

图 1-7　相机

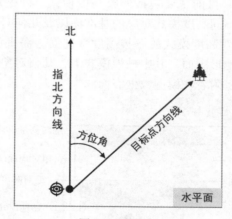

图 1-8　方位角

1.3.4　俯仰角

俯仰角是指飞机、轮船、汽车等地物，其自身纵轴与水平面之间的夹角，也称为倾斜角。以航空摄影为例，是指空中摄影机在机身纵轴与水平面之间的夹角，如图 1-9 所示，图中的俯仰轴自机翼端穿过机身重心，并与其纵轴垂直，在机身绕俯仰轴（横轴）旋转时与水平面间产生的夹角即为俯仰角。在三维 GIS 中，相机的俯仰角为相机绕横轴逆时针旋转的角度，取值范围是[-180°，180°]，其中视线方向垂直面向地表时，俯仰角为 0°，视线方向与地表水平且相机顶部朝上时，俯仰角为 90°，如图 1-10 所示。

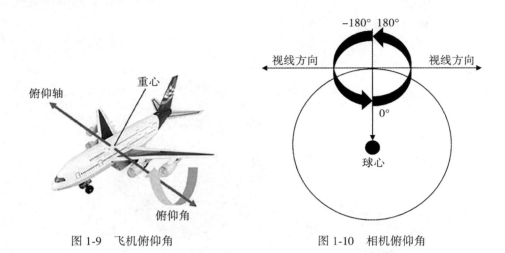

图 1-9　飞机俯仰角　　　　　　　　图 1-10　相机俯仰角

1.3.5　高度模式

在三维场景中，高度模式是用于解析几何对象高度值（Z 值）的方式，直接影响几何对象在 Z 轴上的空间位置。目前主要包括四类高度模式，即贴地、绝对高度、相对地面高度和贴对象高度模式，不同高度模式对应的基准面以及几何对象所放置的高度区域各不相同，如图 1-11 所示，绝对高度模式的海拔高度基准面为海平面；贴地和相对地面高度模式的海拔高度基准面为地形表面。其中贴地模式下，几何对象将附着在地形表面；贴对象高度模式下，几何对象将附着在模型数据表面。

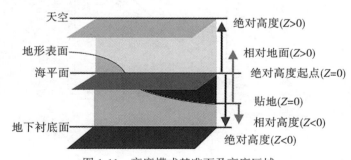

图 1-11　高度模式基准面及高度区域

四类高度模式的具体定义、区别和应用场景如下：

1. 贴地模式

贴地模式为默认的高度模式。当使用贴地高度模式时，几何对象的海拔高度会完全被忽略，各个几何对象依据其经纬度和地形表面的起伏状态附着在地形表面，即相对于地形表面的高度为零，适用于无高度信息的二维矢量面或影像数据。如图 1-12 所示，使用贴地高度模式时，面对象依地形起伏的趋势附着在高低起伏的地形表面。

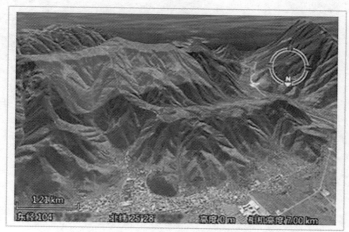

图 1-12 贴地模式

2. 绝对高度模式

绝对高度模式下的海拔高度值是相对于海平面的海拔高度，适用于具备海拔高度值的各类三维空间数据，例如地形数据、点云数据、倾斜摄影三维模型数据等。假设已知某个面对象边界节点的高程值均为 5800m，在使用绝对高度模式时，该面对象的显示状态如图 1-13 所示。

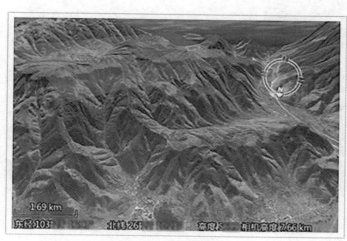

图 1-13 绝对高度模式

3. 相对地面高度模式

相对地面高度模式下的海拔高度值是以地形表面为基准的海拔高度。假设某线对象各个节点的高程值相等，则在相对地面高度模式下，其显示状态如图 1-14 所示。

图 1-14 相对地面高度模式

4. 贴对象高度模式

当使用贴对象高度模式时，矢量数据会随着模型数据的起伏，完全贴附至模型数据上，即相对于模型数据的高度为零。如图 1-15 所示，使用贴对象高度模式时，面对象的海拔高度信息则被忽略了，面对象将依据模型的起伏趋势附着在模型数据表面。贴对象高度模式常应用于倾斜摄影三维模型的动态单体化管理。

图 1-15 贴对象高度模式

1.4 超图三维 GIS 软件介绍

SuperMap GIS 基础平台软件体系主要包括云 GIS 服务器、桌面 GIS 软件、组件 GIS 软件以及移动 GIS 软件等。

SuperMap GIS 基础平台软件基于 SuperMap 统一的 GIS 内核研发，为不同终端的 GIS

应用系统开发提供相应的 GIS 能力,其中三维 GIS 能力基于二三维一体化 GIS 技术基础框架,以功能模块的形式融入软件体系中,提供对倾斜摄影数据、BIM、激光点云、三维场等多源异构的海量空间数据的入库、处理、查询及分析能力的同时,结合 WebGL、虚拟现实(VR)、增强现实(AR)、人工智能(AI)、3D 打印等 IT 新技术,在国土、规划、通信、水利等行业领域实现新一代三维 GIS 应用。图 1-16 为三维 GIS 在建筑施工监管中的应用案例,该案例融合 GIS 技术、BIM 技术、物联网等技术手段,实现对建筑工程的精细化管理和对施工现场安全、质量、进度的监控;图 1-17 为某大型水电站运行期管理与决策支持平台,平台整合多源海量空间数据、业务管理数据和分析成果数据,开发各项业务的三维典型应用功能,实现电站运行信息集成与三维展示;图 1-18 为三维 GIS 在智慧城市领域的应用案例,该案例将城市的历史数据(如多时相遥感影像)、现状数据(如城市现状实景三维模型)、未来城市设计与规划信息融合为三维全景一张图,为城市建设管理提供依据与蓝图。

图 1-16　建筑施工监管平台

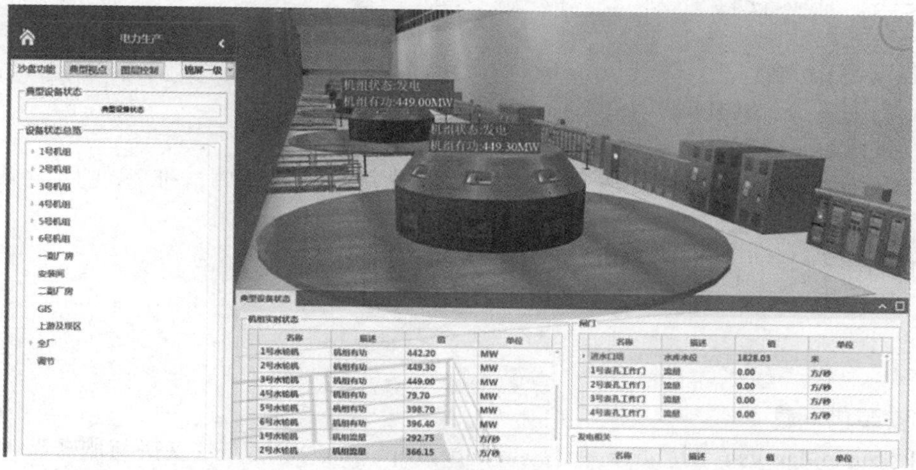

图 1-17　某大型水电站运行期管理与决策支持平台

图 1-18　智慧城市应用案例

1.5　练习一　三维 GIS 软件安装与许可配置

1.5.1　实验要求

本实验以"SuperMap iDesktop 10.2.1 及以上版本软件安装"为应用场景，要求登录官网下载软件安装包，进行软件安装并正常启动软件。

1.5.2　实验目的

(1)了解 SuperMap iDesktop 各类安装包的作用和区别；
(2)掌握 SuperMap iDesktop 软件安装方法；
(3)掌握 SuperMap iDesktop 软件在线试用许可授权。

1.5.3　实验环境

硬件要求：
➢ 内存要求：8GB 或以上；
➢ 硬盘容量：500GB 或以上；
➢ 显卡：2GB 或以上，独立显卡(安装最新显卡驱动)，推荐使用游戏显卡；
OpenGL 版本：2.0 或以上。
软件要求：
➢ SuperMap iDesktop 10.2.1 及以上版本。

1.5.4　实验过程

1. 安装包下载

访问 SuperMap 的官网(https：//www. supermap. com/)，点击"支持与服务"→"下载"→"平台软件下载"，如图 1-19 所示，进入技术资源中心，点击"桌面"→"SuperMap iDesktop 10i(2021)"下的安装包，如图 1-20 所示。

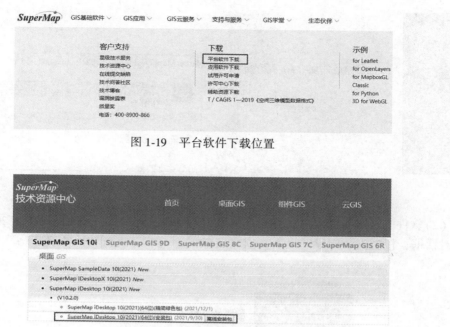

图 1-19　平台软件下载位置

图 1-20　安装包

2. 软件安装

（1）解压下载的软件安装包，在解压的文件夹下，单击鼠标右键，选择"Setup. exe"，在右键菜单中点击"以管理员身份运行（A）"，如图 1-21 所示，弹出如图 1-22 所示的软件安装准备对话框。

图 1-21　运行软件安装程序

图 1-22　软件安装准备对话框

（2）软件安装准备完成后，弹出如图 1-23 所示的"SuperMap iDesktop 10i（2021）安装向导"对话框，根据安装向导的提示，依次点击"下一步"，进行软件的安装。

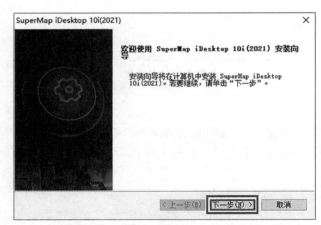

图 1-23　SuperMap iDesktop 安装向导

（3）安装完成后弹出如图 1-24 所示对话框，点击"OK"按钮。

图 1-24　安装成功提示

（4）弹出如图 1-25 所示的"软件安装完成"对话框，点击"完成"按钮，完成软件的安装。

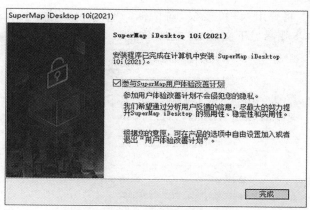

图 1-25　软件安装完成对话框

（5）在开始菜单中找到 SuperMap iDesktop 10i，启动 SuperMap iDesktop。

（6）SuperMap iDesktop 启动过程中，将自动验证许可信息，如图 1-26 所示。

图 1-26　SuperMap iDesktop 验证许可信息

（7）如果能正常启动，则完成本节的软件安装实验。SuperMap iDesktop 起始界面如图 1-27 所示。

图 1-27　SuperMap iDesktop 起始界面

（8）若验证失败，将弹出"许可授权"对话框，如图 1-28 所示，此时需要申请许可并进行许可授权，具体步骤参见下文。

图 1-28　SuperMap iDesktop 许可授权

3. 账号注册

注册 SuperMap Online 账户，即可获得试用 SuperMap GIS 平台产品的授权。具体操作方法如下：

（1）登录 SuperMap Online 官方网站（https：//www.supermapol.com/），点击"注册"按钮，如图 1-29 所示。

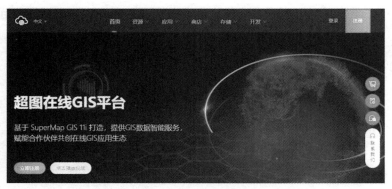

图 1-29　账号注册位置

（2）在账号注册页面，输入 SuperMap Online 账号的用户名、密码、手机号和短信验证码，点击"注册"按钮，提示"恭喜您注册成功！"，如图 1-30 所示。

图 1-30　账号注册

4. 启用在线许可

在桌面 GIS 软件启动时，登录 SuperMap Online 账户即可启用在线试用许可。具体操作如下：

（1）在开始菜单中，启动"SuperMap iDesktop"，弹出"许可授权"对话框，输入 SuperMap Online 账号的邮箱/昵称/手机号，以及密码，点击"登录"按钮，如图 1-31 所示。

图 1-31　账号登录

（2）在弹出的"选择云许可"对话框中，查看相关的许可信息，并点击"确定"按钮，如图 1-32 所示。

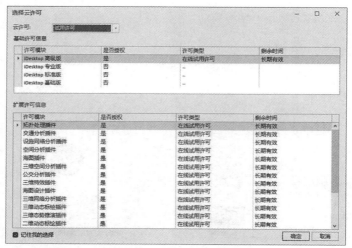

图 1-32　选择云许可

（3）如图 1-33 所示，弹出 SuperMap iDesktop 软件界面，表示在线许可启用成功。

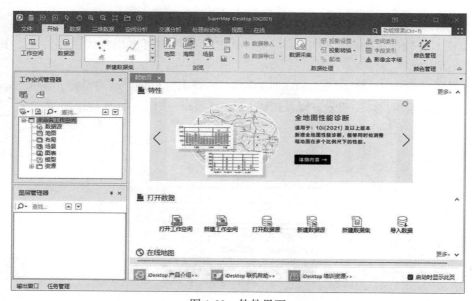

图 1-33　软件界面

1.6　练习二　三维 GIS 基本操作

1.6.1　实验要求

本实验以"数据源的操作、三维场景建立、交互操作与工作空间保存"为应用场景，基于提供的树木、湖泊等数据，建立三维场景。具体的实验要求如下：

（1）创建一个文件型数据源；

（2）根据树木属性表数据创建一个三维点数据集；

（3）利用树木、湖泊、道路、影像和地形数据，创建三维场景；

（4）保存三维场景与工作空间；

（5）通过鼠标交互操作，俯视浏览三维场景中的湖泊，并分别在湖边的东岸、西岸、南岸、北岸任选一点仰视对岸的山体，模拟游客在不同湖岸的观景效果。

1.6.2　实验目的

（1）理解三维 GIS 场景的概念；

（2）熟悉 SuperMap iDesktop 三维场景基本操作。

1.6.3　实验环境

硬件要求：

➢　内存要求：8GB 或以上；

➢　硬盘容量：500GB 或以上；

➢　显卡：2GB 或以上，独立显卡（安装最新显卡驱动），推荐使用游戏显卡；OpenGL 版本：2.0 或以上。

软件要求：

➢　SuperMap iDesktop 10.2.1 及以上版本。

1.6.4　实验数据与思路

1. 实验数据

本实验数据采用 sgns. sxwu，具体使用的数据明细如表 1-3 所示。

表 1-3　　　　　　　　　　　　　　数 据 明 细

数据名称	类型	描述
DEM90_Clip@ sgns_1	地形缓存	地形缓存数据文件夹
IMAGE30_Clip@ sgns_1	影像缓存	影像缓存数据文件夹
Lake3D@ sgns	三维模型缓存	湖泊的三维模型缓存数据
Road3D@ sgns	三维模型缓存	道路的三维模型缓存数据
sgns. bru	填充符号库	填充符号库
sgns. lsl	线型符号库	线型符号库
sgns. sym	点符号库	点符号库
MarkerLibrary3D. sym	点符号库	三维点符号库
Tree3D. xlsx	Excel 表格数据	树木数据
树木符号类型 . xlsx	Excel 表格数据	树木符号类型数据

2. 实验思路

基于树木、地形、影像、湖泊、道路数据，进行数据源的操作、三维场景建立与工作空间保存实验，主要包括打开工作空间、新建数据源、创建三维点数据集、创建三维场景、保存场景和工作空间以及交互操作三维场景 6 个关键步骤，具体的工作流程如图 1-34 所示。

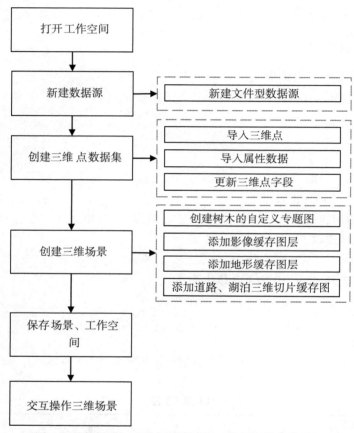

图 1-34　数据源、三维场景创建与工作空间保存流程图

1.6.5　实验过程

1. 了解 SuperMap iDesktop 界面

SuperMap iDesktop 界面采用 Ribbon 风格界面，软件的主窗口界面整体构成如图 1-35 所示。

（1）快捷访问栏：组织了用户常用的功能按钮，包含保存、常用的地图浏览工具，快速打开应用程序的本地目录及打开桌面帮助文档等操作按钮。

（2）功能区：位于界面中上部分，软件提供的所有 GIS 功能都能够在该区域找到对应的入口。

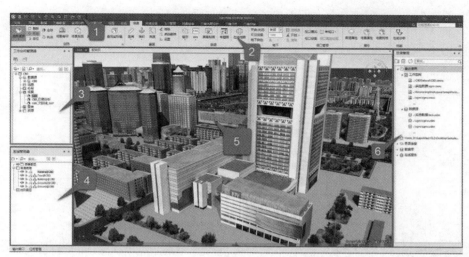

图 1-35 SuperMap iDesktop 软件界面

（3）工作空间管理器：位于界面左侧部分，如图 1-36 所示，采用树状结构的管理层次来体现数据的层次结构。一个工作空间包含一个数据源集合、一个地图集合、一个布局集合、一个场景集合和一个资源集合。工作空间管理器还提供一些工具，包括节点隐藏按钮、查找工具条等。

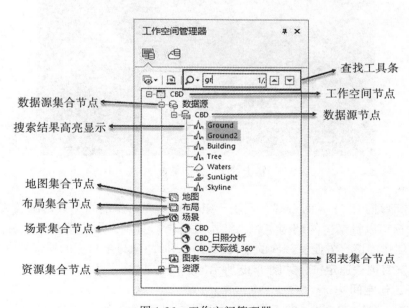

图 1-36 工作空间管理器

（4）图层管理器：位于界面左下部分，同样采用树状结构管理地图或者场景中的所有图层，如图 1-37 所示。

图 1-37　图层管理器

（5）三维场景窗口：位于界面中部，在 SuperMap iDesktop 中可以同时打开多个三维场景窗口。三维场景窗口下部是场景的状态栏，包括当前鼠标所指的地理位置、比例尺以及当前场景的相机高度等信息，如图 1-38 所示。

图 1-38　三维场景窗口

（6）目录管理：位于界面右部，是用于组织和管理工作空间、数据源及文件的目录。"目录管理"窗口以目录树的结构组织，结构更清晰、直观，用户可将常用的文件夹、数据源等目录创建连接，方便每一次的查找、打开。同时通过工具栏的搜索框查找文件夹及数据项，能够实现快速定位，如图 1-39 所示。

2. 打开工作空间

（1）在 SuperMap iDesktop 的工作空间管理器的未命名工作空间节点上单击鼠标右键，选择"打开文件型工作空间…"，如图 1-40 所示。

（2）弹出"打开工作空间"对话框，选择"sgns. sxwu"工作空间，如图 1-41 所示。

本地文件过滤　　　　　　　　　　　　示例数据

数据库连接

图 1-39　目录管理

图 1-40　打开文件型工作空间

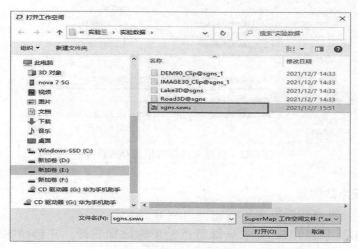

图 1-41　选择工作空间

3. 新建数据源

（1）在工作空间管理器的数据源节点上单击鼠标右键，选择"新建文件型数据源…"，如图 1-42 所示。

图 1-42　新建文件型数据源菜单

（2）弹出"新建数据源"对话框，选择数据源存放路径，设置文件名为"Sgns"，保存类型选择"SuperMap Sqlite 文件（＊.UDBX）"，如图 1-43 所示，点击"保存"按钮，完成数据源的创建。

图 1-43　新建文件型数据源存放路径

4. 创建三维点数据集

1）导入树木三维点数据集

在工作空间管理器的"Sgns"数据源节点上单击鼠标右键，并选择"导入数据集…"，如图 1-44 所示。

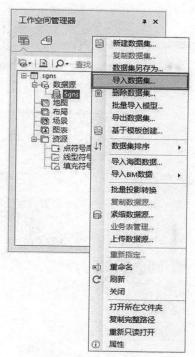

图 1-44 导入数据集菜单

弹出"数据导入"对话框，点击 ▤ 按钮，弹出"打开"对话框，选择"Tree3D. xlsx"数据，如图 1-45 所示，点击"打开"按钮。

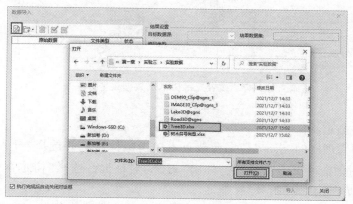

图 1-45 导入三维树木数据选择

在"数据导入"对话框中，结果数据集设置为"Tree3D"，勾选"首行为字段信息"，勾选"导入为空间数据"，坐标字段的经度选择"X"，纬度选择"Y"，高程选择"Z"，如图 1-46所示，点击"导入"按钮。

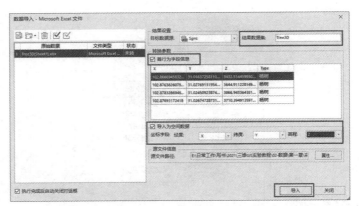

图 1-46　导入三维树木参数设置

设置三维树木点数据集的坐标系。在工作空间管理器的"Tree3D"节点上单击鼠标右键，选择"属性"，软件界面右侧弹出"属性"对话框，切换"坐标系"选项卡，点击 按钮，选择"GCS_WGS 1984"坐标系，如图 1-47 所示。

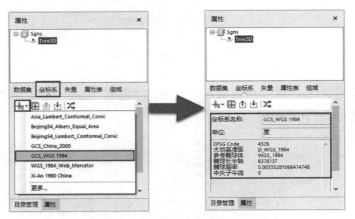

图 1-47　设置三维树木点数据集坐标系

2）导入属性数据集

在工作空间管理器的"Sgns"数据源节点上单击鼠标右键并选择"导入数据集..."，弹出"数据导入"对话框，点击 按钮，弹出"打开"对话框，选择"树木符号类型 .xlsx"数据，如图 1-48 所示，点击"打开"按钮。

在"数据导入"对话框中，设置结果数据集为"树木符号类型"，勾选"首行为字段信息"，如图 1-49 所示，点击"导入"按钮。

3）更新三维树木点数据集属性

在功能区依次点击"数据"→"数据处理"→"追加列"，如图 1-50 所示。

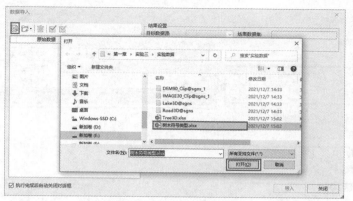

图 1-48　导入属性数据选择

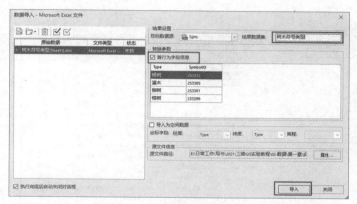

图 1-49　导入属性数据参数设置

图 1-50　数据追加列菜单设置

在弹出的"数据集追加列"对话框中，目标数据的数据集选择"Tree3D"，连接字段选择"Type"，源数据的数据集选择"树木符号类型"，连接字段选择"Type"，追加字段勾选"SymbolID"，如图 1-51 所示，点击"确定"按钮，完成三维树木数据集的列追加。

在工作空间管理器的"Tree3D"节点上单击鼠标右键，选择"浏览属性表"，可以看到 Tree3D 的属性字段中增加了 SymbolID 字段，如图 1-52 所示。

5. 新建三维场景

1）新建三维场景

在工作空间管理器的场景节点上鼠标右击并选择"新建球面场景"，如图 1-53 所示，新建的球面场景如图 1-54 所示。

图 1-51　三维树木追加列参数设置

序号	SmID	SmUserID	SmGeometry	X	Y	Z	Type	SymbolID
1	1	0	BinaryData	102.866695	31.016373	3,432.51446	杨树	253,312
2	2	0	BinaryData	102.876383	31.027691	3,644.911228	杨树	253,312
3	3	0	BinaryData	102.878329	31.024509	3,866.943364	杨树	253,312
4	4	0	BinaryData	102.876932	31.026747	3,710.394914	杨树	253,312
5	5	0	BinaryData	102.866798	31.018491	3,389.563456	杨树	253,312
6	6	0	BinaryData	102.875086	31.017916	3,901.917603	杨树	253,312
7	7	0	BinaryData	102.867426	31.016377	3,475.160952	杨树	253,312
8	8	0	BinaryData	102.878674	31.026022	3,824.8989	杨树	253,312
9	9	0	BinaryData	102.860699	31.018365	3,448.402041	杨树	253,312
10	10	0	BinaryData	102.865068	31.016943	3,340.171269	杨树	253,312
11	11	0	BinaryData	102.866442	31.017542	3,387.684006	杨树	253,312
12	12	0	BinaryData	102.867323	31.014843	3,533.934134	杨树	253,312
13	13	0	BinaryData	102.866032	31.014013	3,497.704858	杨树	253,312
14	14	0	BinaryData	102.864544	31.016236	3,348.850186	杨树	253,312
15	15	0	BinaryData	102.863075	31.016449	3,337.152692	杨树	253,312
16	16	0	BinaryData	102.864037	31.015142	3,347.702322	杨树	253,312

图 1-52　三维树木追加列结果

图 1-53　新建球面场景菜单位置

30

图 1-54 球面场景

2）创建树木的自定义专题图

点击工作空间管理器中的"Tree3D"数据集，按住鼠标左键将其拖拽到三维窗口，可以观察到图层管理器中新增加了"Tree3D@ Sgns"图层。为了清楚地浏览 Tree3D 的数据，在图层管理器中鼠标右键单击"Tree3D@ Sgns"图层节点并选择"快速定位到本图层"，如图 1-55 所示，可以看到三维场景相机会定位到 Tree3D 图层的范围，如图 1-56 所示。

在图层管理器的"Tree3D@ Sgns"图层上单击鼠标右键并选择"制作专题图..."，弹出"制作专题图"对话框，选择"自定义专题图"，点击"默认"按钮，再点击"确定"按钮，如图 1-57 所示。

界面右侧弹出"专题图"对话框，符号风格选择"SymbolID"字段，模型符号缩放的 X、Y、Z 均设置为"10"，三维场景窗口中的三维树木专题图随之刷新，显示如图 1-58 所示图片。

图 1-55 快速定位到图层菜单

31

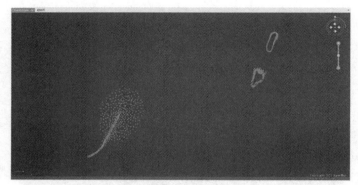

图 1-56　定位到三维树木点图层

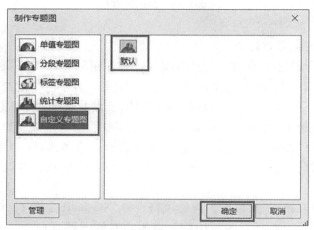

图 1-57　制作专题图

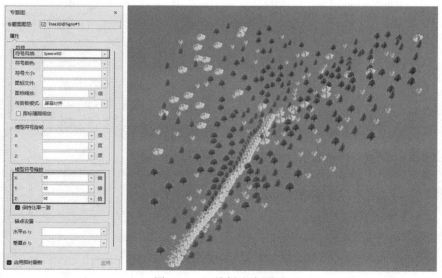

图 1-58　三维树木专题图

3）添加影像缓存图层

在图层管理器的"普通图层"节点上单击鼠标右键并选择"添加影像缓存图层..."，如图 1-59 所示。

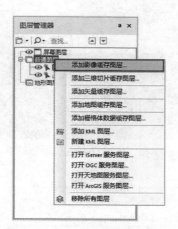

图 1-59   添加影像缓存图层菜单

" * . sci3d"文件是 SuperMap 的影像缓存配置文件。在弹出的"打开三维缓存文件"对话框中选择"IMAGE30_Clip@ sgns_1"文件夹，然后再选择"IMAGE30_Clip@ sgns_1. sci3d"文件，如图 1-60 所示，点击"打开"按钮，影像缓存图层将添加到场景中，如图 1-61 所示。

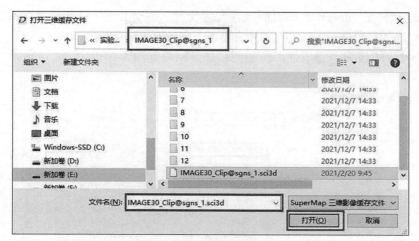

图 1-60   影像缓存文件选择

4）添加地形缓存图层

在图层管理器的"地形图层"节点上单击鼠标右键并选择"添加地形缓存..."，如图 1-62所示。

图 1-61　影像缓存图层添加结果

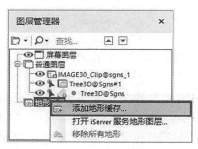

图 1-62　添加地形缓存菜单位置

"＊.sct"文件是 SuperMap 的地形缓存配置文件。在弹出的"打开三维缓存文件"对话框中，选择"DEM90_Clip@ sgns_1"文件夹下的"DEM90_Clip@ sgns_1.sct"文件，如图 1-63所示，点击"打开"按钮，完成地形图层的添加，结果如图 1-64 所示。

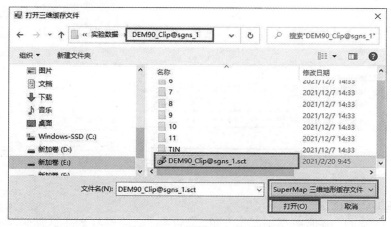

图 1-63　地形缓存文件选择

图 1-64　地形缓存图层添加结果

5）添加道路、湖泊缓存图层

在图层管理器的"地形图层"节点上单击鼠标右键并选择"添加三维切片缓存图层…"，如图 1-65 所示。

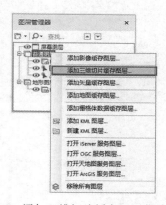

图 1-65　添加三维切片缓存图层菜单位置

"∗.scp"文件是 SuperMap 的三维切片缓存配置文件。在弹出的"打开三维缓存文件"对话框中，选择"Lake3D@ sgns"文件夹下的"Lake3D@ sgns. scp"文件，如图 1-66 所示，点击"打开"按钮，完成湖泊缓存图层的添加。用相同的方式添加"Road3D@ sgns"文件夹下的"Road3D@ sgns. scp"文件，结果如图 1-67 所示。

6. 保存场景和工作空间

由于树木数据已经通过专题图层来表达，因此可以将原有 Tree3D 图层设为不可见或者从当前场景中移除，因此点击图层管理器的"Tree3D@ Sgns"节点前 ◉ 按钮，关闭三维树木图层的显示，如图 1-68 所示。

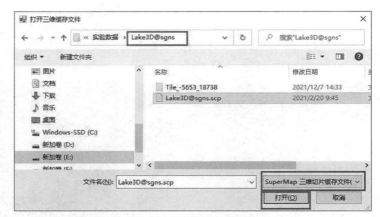

图 1-66 选择三维切片缓存图层

图 1-67 道路、湖泊缓存图层添加结果

图 1-68 关闭图层三维树木点图层显示

在 SuperMap iDesktop 的功能区中依次点击"开始"→"工作空间"→"保存"，弹出"保存"对话框，选中对话框中的第一条记录，点击 重命名 按钮，输入"Sgns"作为场景的名称，如图 1-69 所示，点击"保存"按钮，完成场景和工作空间的保存。

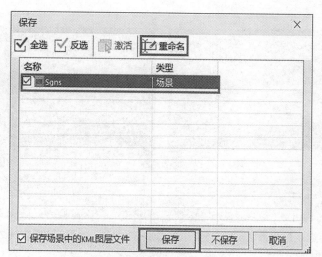

图 1-69　场景保存参数设置

7. 交互操作三维场景

在三维场景窗口中，按住鼠标中间键向上移动，将相机视角调整为垂直方向查看湖面，即切换相机的俯仰角使其接近 0°，便于观察整个湖面的形态，如图 1-70 所示；使用鼠标左键在三维场景中平移，选择湖泊南侧岸边的任意一处，按住鼠标中键向下移动，将相机视角调整为仰视，即切换相机的俯仰角使其大于 90°，朝北查看湖面及北岸的山坡；依次类推，分别在西岸、东岸和北岸仰视对岸山体，模拟游客在不同湖岸的观景效果，如图 1-71 所示。

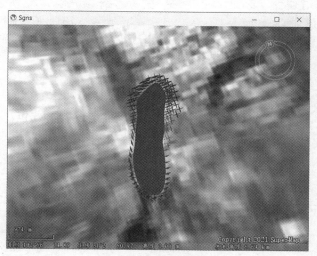

图 1-70　垂直俯视湖面

（a）南岸观景效果图　　　　　　　　　　（b）西岸观景效果图

（c）东岸观景效果图　　　　　　　　　　（d）北岸观景效果图

图 1-71　湖岸观景效果

8. 实验结果

本实验数据最终成果为 sgns. udbx 与 sgns. sxwu（位于数据下载包：第一章 \ 练习二 \ 成果数据），具体内容如表 1-4 所示，创建的三维场景如图 1-72 所示。

表 1-4　　　　　　　　　　　　　　　成 果 数 据

数据名称	类型	描述
Tree3D	三维点	三维树木点数据集
树木符号类型	属性数据集	树木符号类型

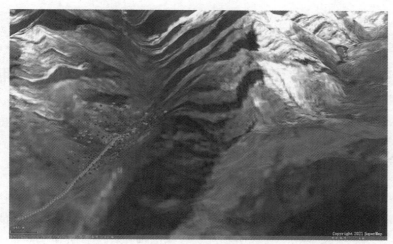

图 1-72　三维场景

问题思考与练习

（1）添加三维树木点数据集到三维场景的时候，对数据集的坐标系有什么要求？

（2）练习二中是将树木符号类型属性数据集中的 SymbolID 字段利用"追加列"追加到 Tree3D 数据集的属性表中，在使用"追加列"功能时，设置连接字段的作用是什么？

（3）创建三维树木专题图的时候，除了自定义专题图之外，还有什么类型的专题图可以实现根据不同树木类型设置不同三维树木符号的效果？

第 1 章实验操作视频

第 1 章实验数据

第 2 章　三维体与场模型的构建与管理

2.1　学习目标

通过对空间的认知与抽象的相关理论，学习对现实世界的简化和抽象表达，并将抽象结果组织成有用的且能反映现实世界真实状况的数据集，从而揭示认识事物的规律。本章将基于国产超图软件实验练习三维体数据和场数据的构建方法，引导学生养成科学辩证的思维方式。

2.2　空间数据模型

空间数据模型是地理信息系统对现实世界地理空间实体、现象以及它们之间相互关系的认识和理解，是现实世界在计算机中的抽象与表达。

空间数据模型从地学认知角度可以划分为概念数据模型、逻辑数据模型和物理数据模型三个层次，如图 2-1 所示。概念数据模型是从现实世界中的地理实体以及实体间的关系抽象出来的概念集合，逻辑数据模型是在概念数据模型的基础上对空间实体及关系进一步抽象，将概念数据集抽象为面向数据库的逻辑结构集合，利用数据库的语言来定义空间数据实体以及实体间的关系，有严格的形式化定义，从而实现了计算机系统的表达与存储管理。逻辑数据模型需要尽可能详细地描述空间数据，包括所有空间数据实体、实体的属性、实体之间的关系以及每个实体的主键和外键。逻辑数据模型是实现地理空间实体与数据库管理的关键，实现了现实世界的第二层抽象，常见的逻辑数据模型有层次模型、网状模型、关系模型和面向对象的模型等。物理数据模型描述了数据在物理存储介质上的具体组织形式，是在逻辑数据模型的基础上，综合考虑各种存储条件的限制，进行数据库的设计，从而真正实现数据在数据库中的存放。其主要的工作是根据逻辑数据模型中的实体、属性、联系转换成对应的物理模型中的元素，包括定义所有的表和列，以及定义维持表之间联系的外键等。物理数据模型与具体的数据库管理系统相关，同时还与具体的操作系统以及硬件有关。

空间数据模型从概念上可以分为三类：第一类是对象模型，用来描述离散空间的要素；第二类是网络模型，用来描述对象之间的连接关系；第三类是场模型，用来描述空间中连续分布的现象或者要素。二维、三维数据模型的分类层次如图 2-2 所示。其中，对象模型主要包括二维的点、线、面和三维的点、线、面、体模型；场模型包括描述二维连续空间的栅格模型、TIN 模型和描述三维连续空间的体元栅格、TIM 模型；网络模型包括二维网络模型和三维网络模型。

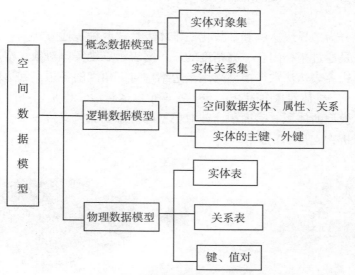

图 2-1　空间数据模型地学认知划分

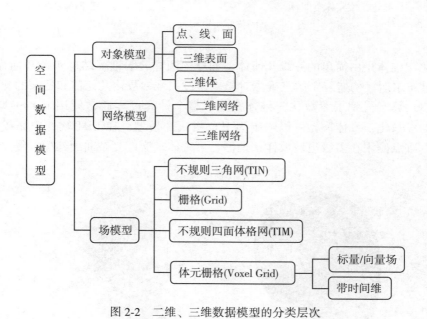

图 2-2　二维、三维数据模型的分类层次

2.2.1　对象模型

在三维对象模型中，点是零维形状的，三维点数据存储为单个的带有属性值的 x，y，z 坐标，例如表达坐落在山上的一棵树（具有高程）；线是一维形状的，三维线对象存储为一系列有序的带有属性值的 x，y，z 坐标串，例如表达一条环山的道路；三维面对象存储

为一系列有序的带有属性值的 x，y，z 坐标串，最后一个点的坐标必须与第一个点的坐标相同，从而描述由一系列线段围绕而成的一个封闭的具有一定面积的地理要素，如表示坐落在山上的湖泊。

三维体模型分为边界表达法和参数化三维体表达法两种表达方式。

边界表达法是通过拓扑闭合、高精度的三角网表示三维实体对象，常用来表达离散的三维实体对象。边界表达法数据模型采用半边结构对三角网的各顶点和边的拓扑结构进行描述(见图 2-3)。三维体对象通过交、并、差等布尔运算后，也是拓扑闭合的，仍然是三维体；支持计算模型的体积、表面积，截取模型的任意剖面；支持三维空间关系判断、布尔运算、空间分析；支持 3D 打印。

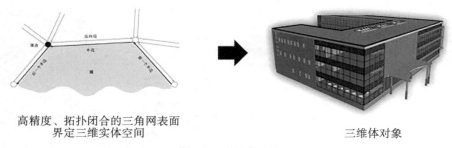

高精度、拓扑闭合的三角网表面
界定三维实体空间　　　　　　　　　三维体对象

图 2-3　边界表达法

参数化三维体是由简单的三维几何体，如球、圆柱、圆锥等结构实体几何模型(见图 2-4)，通过布尔运算构造复杂的三维体对象。通过三维参数化几何体和复杂的建模或放样体进行布尔运算，得到了参数化三维体模型，整个计算过程通常使用 Python 脚本实现，计算得出的参数化三维体模型可以输出为 IFC 格式的模型，在 BIM 软件中完成进一步的细化设计。重点应用在多级边坡放样、地形与可视体求交、复杂曲面建模等场景中。

图 2-4　结构实体几何模型(CSG)参数化表达法示例

总体来说，三维体数据模型可以用来表达房屋、地质体等现实中存在的事物，也可以用来表达抽象的三维空间。例如，用三维体模型表达建筑在三维空间中的阴影范围，定义为阴影体，通过分析临近建筑的窗户和阴影体的空间关系，判断临近建筑是否被影响了采光；用三维体表达摄像头在三维空间的监控范围，判断三维对象在可视域范围的可见性；将分析得到的城市天际线，构建一个三维的限高体，用来判断城市待建的建筑是否影响了天际线(见图 2-5)；表达雷达扫描的三维空间等。支持构建阴影体、天际线限高体、可视域体、模型拉伸体、三维几何体、凸包、地质体等三维体数据模型，提高了三维 GIS 的空间分析能力，推动了三维 GIS 向深度实用的方向发展。

图 2-5　天际线限高体

2.2.2　网络模型

二维网络模型是由许多相互连接的线段构成的，是对现实世界中网络系统的抽象表达(见图 2-6)。其不仅具有一般网络的弧段与节点间的抽象拓扑关系，还具有 GIS 空间数据的几何定位特征和地理属性特征。

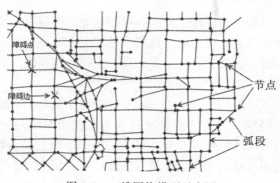

图 2-6　二维网络模型示意图

网络数据模型用于存储具有网络拓扑关系的数据模型，包含网络线数据集和网络节点数据集，还包含两种对象之间的空间拓扑关系。基于网络数据模型，可以进行路径分析、服务区分析、最近设施查找、资源分配、选址分区以及邻接点、通达点分析等多种网络分析，多用于政府和商业决策。

三维网络模型是指由许多相互连接的线段构成的三维网状系统，是对现实世界中网络系统的抽象表达（见图 2-7）。其不仅具有一般网络的弧段与节点间的抽象拓扑关系，还具有 GIS 三维空间数据的几何定位特征和地理属性特征。立体空间的拓扑关系是指地理对象在三维空间位置上的相互关系，如节点与线、线与面之间的三维连接关系。

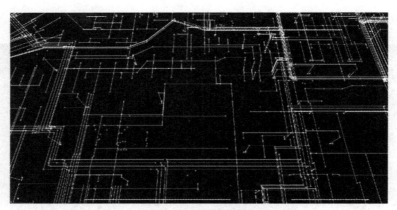

图 2-7　三维网络模型示意图

基于三维网络数据模型，可以用来表达三维空间中的网状系统，如地下管道、工厂管线等，实现对管网系统的实时监控、空间分析及可视化展示等功能。

2.2.3　场模型

场模型是对连续空间或现象的描述，二维场模型主要包括栅格和不规则三角网，三维场模型主要包括体元栅格和不规则四面体网格。

1）栅格数据

栅格数据是将一个平面空间进行行和列的规则划分，形成有规律的网格，每个网格称为一个像元（像素），如图 2-8 所示。栅格数据模型实际上就是像元的矩阵，每个像元都有给定的值来表示地理现象，如高程值、土壤类型、土地利用类型、岩层深度等。

2）不规则三角网

不规则三角网（Triangulated Irregular Network，TIN），是根据区域内的有限个点集将区域划分为相连的三角面网络，三角面的形状和大小取决于不规则分布的测点的密度和位置，不仅能够避免地形平坦时的数据冗余，又能按地形特征点表示数字高程特征。TIN 常用来拟合连续分布现象的覆盖表面，如连续起伏的地表（见图 2-9）。

3）体元栅格

体元栅格（Voxel Grid）可以通过带有属性的离散三维空间点集或者对 TIM 模型进行插值获得，是对三维连续空间的规则（立方体/正六棱柱）划分（见图 2-10），结构简单。同时，可支持基于 TIM 构建体元栅格，体元栅格可叠加缓存。

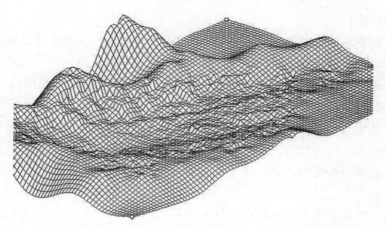

图 2-8　栅格示意图

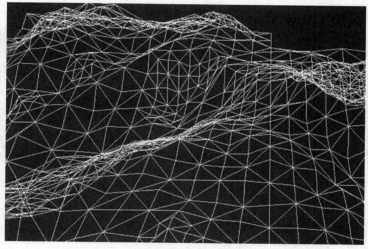

图 2-9　TIN 示意图

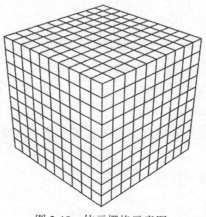

图 2-10　体元栅格示意图

● 数据结构：

体元栅格的最小单元是规则的体对象，比如立方体或正六棱柱。通过体元对象的规则排列构成阵列，形成对三维空间的划分；属性值保留在体元本身。

体元栅格是规则体元的阵列，在数据结构上比 TIM 简单。基于离散点可以插值成体元栅格，但离散点本身很有可能不会被保留。

● 数据选型与转换：

在表达精度上，体元栅格弱于不规则四面体网格，对于需要表达特定特征或分布的应用，不规则四面体有一定的优势。对于精度要求不高的应用，可以将 TIM 数据转换成体元栅格。

平台支持三维体对象与体元栅格之间的互转（见图 2-11），三维体对象通过体素化形成体元栅格，体元栅格也可以通过提取等值面的方式转换成三维体对象。

表达明确边界的三维体对象　　　　　　　　　表达连续、非匀质的属性场

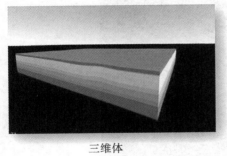

体素化

提取等值面

三维体　　　　　　　　　　　　　　　　体元栅格

图 2-11　三维体与体元栅格互转

● 可视化表达：

与栅格只能表达三维表面不同，体元栅格可以表达三维空间中任意 (x, y, z) 位置的属性分布，可以把三维场数据作为一个实体，采用不同的方式对数据内部进行直观的表达，包括：

（1）剖切显示，体元栅格采用体绘制技术，设置不同裁剪面进行剖切显示。

（2）分层设色，针对体元代表的属性值进行分级分类，对三维场数据的基本单元赋予不同的颜色值。体元栅格则采用体绘制的方法，将不同属性值对应的颜色绘制到三维纹理上，实现三维场数据在场景中的可视化。

（3）过滤显示，渲染时根据属性值进行的过滤显示，过滤掉不满足条件的对象，实现体元栅格的过滤显示。

（4）时序显示，根据时序属性值变化进行实时渲染，可以捕捉到区域内不同位置的变化规律（见图 2-12）。

图 2-12　带时序的体元栅格

● 基于属性值的分析与计算：

基于体元栅格数据可以进行统计分析、代数运算、提取剖面、提取等值线等计算。

基于体元栅格的统计分析和代数运算，类似于二维的栅格数据，可以按基本构成单元对属性值进行各类分析计算；对于相同地理范围且空间分辨率相同的不同场数据，比如相同属性特征、不同时间点或者同一区域不同属性特征的体元栅格，可以进行叠加运算，在实际应用中可以得到特征值随时间变化的趋势或特征值之间的相关性等指标。

基于体元栅格数据，可以给一个剖面，提取出该剖面上的属性特征值，如图 2-13 所示，从而得到体元栅格内部属性值的分布情况。

图 2-13　基于体元栅格提取剖面

● 实际应用：

现实中可以利用体元栅格来表达连续、非均值的三维空间的通信信号、温度场、风场、污染场等三维场数据以及日照率等属性场。体元栅格支持的运算包括：提取三维点、线、面模型的属性值；栅格代数运算和统计查询；同时支持分层设色、等值线等的可视化表达。在城市规划里的日照时长的分析中（见图 2-14），结果可以用立方体栅格来表达，设置红色为日照时间比较长的，蓝色为日照时间比较短的，根据每个栅格的值，可以动态过滤显示，查看内部效果，这个栅格划分的颗粒是比较粗的，所以看起来是一个个立方体。利用体元栅格来表达空气污染场，进行更精细化的表达，同时可以利用动态过滤选择污染比较严重的地区，从而更直观地表达空气污染状况和空间分布情况。

图 2-14　体元栅格表达日照时长

同时，将体元栅格支持附着在模型表面，表达模型表面属性场信息情况。如图 2-15 所示，利用体元栅格可以表达信号在建筑物上的覆盖强度，从而对通信网络优化场景进行模拟，提供参考。

图 2-15　体元栅格表达信号覆盖情况

4）不规则四面体网格

不规则四面体网格（Tetrahedralized Irregular Mesh，TIM）可以通过带属性的三维离散点基于 3D-Delaunay 方法来构建，该方法具有以下特点：①保留原始的离散点作为不规则四面体的顶点，不会产生新的顶点；②离散点中任意五点不会在同一个球体上。因此，3D-Delaunay 剖分方法保留了原始离散点的属性值从而保证了精度，且组成四面体的三角形近似等边或等角，四面体体元的组合更逼近真实的目标实体，在插入新的顶点或者修改已有顶点时，对周围点的影响最小。

- 数据结构：

针对连续三维空间的不规则划分，其最小单元为不规则四面体。在空间结构上，TIM 是由通过拓扑连接高精度的 N 个不规则四面体构成，如图 2-16 所示。利用 TIM 建立的数据模型支持获取模型的任意剖面，同时可以插值为体元栅格。在属性结构上，属性值可以依附于顶点、边或四面体本身。

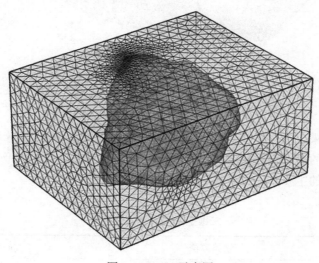

图 2-16　TIM 示意图

- 可视化表达：

与 TIN 只能表达三维表面不同，TIM 可以表达三维空间中任意 $(x，y，z)$ 位置的属性分布，可以把三维场数据作为一个实体，采用不同的方式对数据内部进行直观的表达，包括：①剖切显示，TIM 采用体绘制技术，设置不同的裁剪面进行剖切显示；②分层设色，对体元代表的属性值进行分级分类，对三维场数据的基本单元赋予不同的颜色值。TIM 采用三角网表达，颜色可以附着在顶点上，在片元阶段插值、着色。

- 属性分析与计算：

对于四面体内部任意点的属性值则需要通过插值方法计算。TIM 可以通过降维运算获取三维空间任意剖面的属性值。对于精度要求不高的应用，可以将 TIM 数据转成体元栅格。

- 实际应用：

TIM 模型可以用来表达矿体、地质体属性场、大坝变形等三维非均质空间，通信信号、温度、风场、污染等三维场，以及日照率等三维分析结果。在图 2-17 中，利用 TIM 模型来表示地质体，利用分层设色的方式，表达地质体的属性信息，如孔隙度、渗透率、含水饱和度、液态程度以及强酸分布等。该模型可应用于地下隧道挖掘、地铁建设等工程项目中，为其提供技术参数和数据支持，并据此选择合适的建设方案及施工工具等。

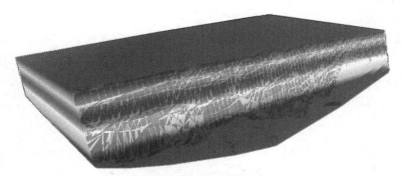

图 2-17　TIM 表示地质体示意图

2.2.4　三维空间模型与构模方法分类

过去的几十年来，国内外学者围绕着三维空间构模研究提出了几十种三维空间数据模型。针对不同特色的模型进行研究和比较，人们试图对三维空间构模及方法进行分类。目前比较受业界认可的主要有三种分类方式，如表 2-1 所示。

表 2-1　　　　　　　　　　　　　　　　三维空间构模方法分类

构模方法	分类方法	优缺点
基于几何描述的分类	针对地学空间目标几何特征的描述分为面元模型和体元模型	几何模型比较直观，易于实现。几何模型与拓扑模型的主要区别在于能否进行空间目标的拓扑描述并维护拓扑关系
基于拓扑描述的分类	Zlatanova 将三维拓扑空间模型数据结构分为两组：维护对象及维护关系	三维拓扑关系复杂，由二维向三维发展更困难
基于节点数据的分类	参照二维 GIS 中的节点定义进行划分，三维构模分为矢量构模、栅格构模、矢栅混合构模或集成构模	点是空间构模的基础，根据节点的数据来源划分三维空间模型

基于几何描述的代表性三维空间模型和三维空间构模方法如图 2-18 所示。

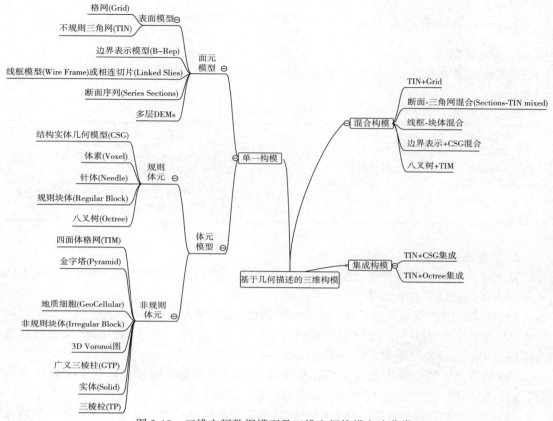

图 2-18 三维空间数据模型及三维空间构模方法分类

2.3 练习一 城市建筑三维体数据构建与三维显示

2.3.1 实验要求

本实验以"城市建筑三维体数据构建与三维显示"为应用场景，通过 GIS 软件将城市建筑矢量面拉伸构建白模，即基于三维体的空间数据模型来表示城市建筑群，并实现建筑群的三维立体显示，同时加载"天地图"的影像图层作为底图。注意，本实验忽略地形起伏，假设所有建筑的底部高程均为 0m。

2.3.2 实验目的

(1)掌握二维矢量数据升维处理方法；
(2)理解三维体数据的基本概念，能够运用 GIS 软件构建三维体数据。

2.3.3 实验环境

SuperMap iDesktop 10.2.1 及以上版本。

2.3.4 实验数据与思路

1. 实验数据

本实验数据采用 City3D. udbx 和 buildingHeight. xlsx，具体使用的数据明细如表2-2所示。

表2-2   数 据 明 细

数据名称	类型	描　　述
building	面数据集	某城市建筑的二维矢量面数据，其中包含建筑编号字段（ID 字段），存储于 City3D. udbx 中
height	Excel 表	建筑高度信息表，包含建筑编号信息（ID）和高度信息（Height），存储于 buildingHeight. xlsx 中

2. 实验思路

基于建筑物的二维矢量面数据和建筑高度数据，进行城市建筑群的三维体构建与立体显示，主要包括以下三个步骤：

（1）建筑高度数据导入与关联，通过 GIS 软件中的"导入数据集"功能将建筑高度数据导入 GIS 软件的数据源中，并以建筑编号信息作为关联字段，通过"追加列"功能将建筑高度信息追加到建筑二维矢量面数据的属性表中。

（2）城市建筑群白模构建与加载，基于建筑的二维矢量面数据，通过 GIS 软件中的"线性拉伸"功能构建并获得建筑的白模数据，即三维体数据。

（3）三维场景构建与保存，添加"天地图"的影像图层到三维场景中作为底图，最后保存三维场景和工作空间。

实验流程如图2-19所示。

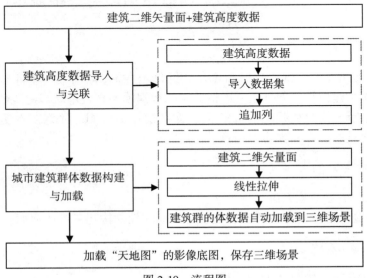

图 2-19　流程图

2.3.5 实验过程

1. 建筑高度数据导入与关联

1）打开数据源

在 SuperMap iDesktop 软件的功能区，依次点击"开始"→"数据源"→"文件"→"打开文件型数据源"，在弹出的"打开数据源"对话框中，选择 City3D. udbx，点击"打开"按钮，如图 2-20 所示。

图 2-20 打开数据源

2）导入数据集

在 SuperMap iDesktop 软件的工作空间管理器中右键单击 City3D 数据源，在右键菜单中选择"导入数据集..."，在弹出的"数据导入"对话框中，点击添加文件按钮，弹出"打开"对话框，选择建筑高度数据（buildingHeight. xlsx），点击"打开"按钮，在"数据导入"对话框中，修改结果数据集为"height"，点击"导入"按钮，如图 2-21 所示。

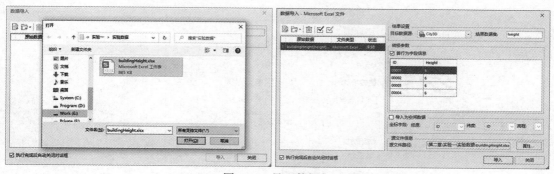

图 2-21 导入数据集

3）追加列

在 SuperMap iDesktop 软件的功能区，依次点击"数据"→"数据处理"→"矢量"→"追加列"，在弹出的"数据集追加列"对话框中，选择目标数据中的数据集为"building"，连接字段为"ID"，选择源数据中的数据集为"height"，连接字段为"ID"，勾选追加字段"Height"，点击"确定"按钮，如图 2-22 所示。

图 2-22　数据集追加列

2. 城市建筑群三维体模型构建与加载

在 SuperMap iDesktop 软件的工作空间管理器中鼠标右键单击 building 数据集，在右键菜单中选择"添加到新球面场景"。在 SuperMap iDesktop 软件的功能区，依次点击"三维地理设计"→"规则建模"→"拉伸"→"线性拉伸"，如图 2-23 所示，在弹出的"线性拉伸"对话框中，选择对象所在图层为"building@ City3D"图层，设置"所有对象参与操作"，拉伸高度为"Height"字段，底部高程为"0"m（忽略地形起伏），修改结果数据集的名称为

图 2-23　"线性拉伸"对话框

"building3D"，点击"确定"按钮，生成建筑三维体数据 building3D，并自动将其添加到当前三维场景中，图层名称为"building3D@ City3D"。

在图层管理器中，右键单击"building3D@ City3D"图层，在鼠标右键菜单中选择"快速定位到本图层"，即可查看建筑三维体数据构建结果，如图 2-24 所示。

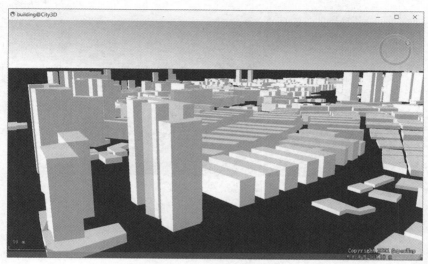

图 2-24 线性拉伸结果

3. 三维场景构建与保存

1）加载"天地图"影像底图

在 SuperMap iDesktop 软件的功能区，依次点击"场景"→"数据"→"在线地图"→"天地图"，如图 2-25 所示，在弹出的"打开天地图服务图层"对话框中，已提供"天地图"影像图层的服务地址和图层名称等参数，采用默认设置，点击"确定"按钮，实现"天地图"影像图层加载到三维场景作为底图显示，如图 2-26 所示。

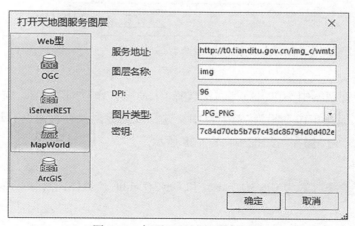

图 2-25 打开"天地图"服务图层

图 2-26 三维场景

说明：需保证网络环境为可用状态，才可成功加载"天地图"服务图层。

2）移除冗余图层

在图层管理器中，选中"building@ City3D"图层，在鼠标右键菜单中选择"移除"。

3）成果保存

在三维场景窗口中，鼠标右键选择"保存场景"，如图 2-27 所示，在弹出的"场景另存为"对话框中，设置场景名称为"City3D"，点击"确定"按钮。

图 2-27 保存三维场景

在工作空间管理器中，单击鼠标右键选择"未命名工作空间"节点，选择"保存工作空间"，在弹出的"保存工作空间为"对话框中，选择成果数据保存目录，并设置工作空间名称为"City3D"，点击"保存"按钮，如图 2-28 所示。

4. 实验结果

本实验数据最终成果为 City3D. smwu 和 City3D. udbx，具体内容如表 2-3 所示。

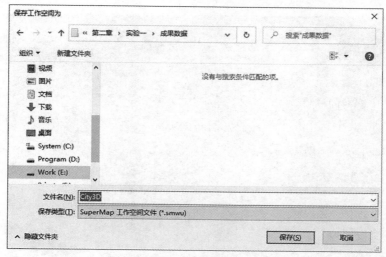

图 2-28　保存工作空间

表 2-3 　　　　　　　　　　　　　成 果 数 据

数据名称	类型	描　　述
building3D	模型	城市建筑三维体数据，存储于数据源文件 City3D. udbx 中
height	属性表	属性表数据集，包含建筑高度信息，存储于数据源文件 City3D. udbx 中
City3D	三维场景	包含城市建筑三维体和"天地图"影像底图，存储于工作空间文件 City3D. smwu 中

综上，本实验将某城市的建筑二维矢量面数据经过 GIS 软件的建模处理，构建了基于三维体空间数据模型的白模数据，并添加"天地图"影像图层作为底图，最终得到城市建筑群的立体显示效果。

2.4　练习二　建筑日照分析

2.4.1　实验要求

本实验以"古建筑采光分布研究"为应用场景，基于古建筑遗址的模型数据通过 GIS 软件分析其在 2021 年冬至日的采光是否充足，重点观察主屋窗户的采光分布。具体要求如下：

（1）要求构建建筑物主体（如图 2-29 所示）于 2021 年 12 月 21 日（冬至日）06：00～18：00 的采光场模型数据；

图 2-29　建筑物主体范围

（2）在场景中清晰明确地识别古建筑模型以及采光的场模型数据；

（3）将采光场模型数据用黑色到黄色的渐变色渲染到建筑表面显示（日照时长越长，渲染的颜色越黄），观察主屋窗户（如图 2-30 所示）的采光分布，以辅助评估该建筑的采光情况。

图 2-30　建筑主屋窗户

2.4.2　实验目的

（1）理解场模型的概念；

（2）掌握场模型数据的构建方法，能够运用 GIS 软件获取场模型数据并解决实际应用问题。

2.4.3　实验环境

SuperMap iDesktop 10.2.1 及以上版本。

2.4.4　实验数据与思路

1. 实验数据

本实验数据采用 data.udbx，具体使用的数据明细如表 2-4 所示。

表 2-4　　　　　　　　　　　　　　　数 据 明 细

数据名称	类型	描　　述
CastleModel	模型数据集	某古建筑的模型数据，存储于 data.udbx 中

2. 实验思路

基于古建筑遗址的模型数据，进行建筑采光率的三维场模型构建与立体显示，主要包括以下四个步骤：

（1）获取古建筑日照采样数据，通过 GIS 软件中的"日照分析"和字段运算功能获取在 2021 年冬至日的日照采样数据；

（2）构建古建筑采光场模型数据，基于冬至日的日照采样数据，通过距离反比权重插值，构建反映日照强度分布的场模型；

（3）古建筑采光分布的三维显示，加载采光场模型数据到三维场景立体显示，并设置其透明度和颜色，同时加载 BingMaps 影像图层作为底图显示；

（4）古建筑主屋窗户采光评估，通过 GIS 软件"体元栅格叠加模型缓存""分层设色"和"图层属性"功能，将场模型数据用黑色到黄色的渐变色渲染到建筑表面显示，并通过交互操作查看主屋窗体的采光强度。

实验流程如图 2-31 所示。

2.4.5　实验过程

1. 获取古建筑日照采样数据

1）打开数据源

在 SuperMap iDesktop 软件的功能区，依次点击"开始"→"数据源"→"文件"→"打开文件型数据源"，在弹出的"打开数据源"对话框中，选择"data.udbx"数据源，点击"打开"按钮，如图 2-32 所示。

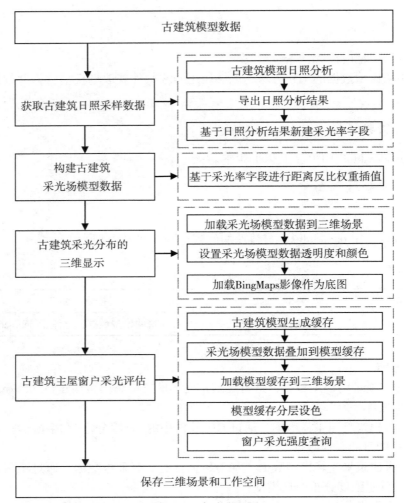

图 2-31　实验流程图

图 2-32　打开数据源

2）日照分析

在 SuperMap iDesktop 软件的工作空间管理器中鼠标右键单击"CastleModel"数据集，在右键菜单中选择"添加到新球面场景"。在图层管理器中，鼠标右键单击"CastleModel@data"图层，在右键菜单中选择"快速定位到本图层"。

在 SuperMap iDesktop 软件的功能区，依次点击"三维分析"→"空间分析"→"日照分析"，如图 2-33 所示，在弹出的"三维空间分析"面板中，点击 ➕ 按钮，在三维场景窗口中以古建筑主体的外轮廓为日照分析范围绘制一个矩形，如图 2-34 所示，单击鼠标右键结束绘制。

图 2-33　三维空间分析面板

图 2-34　绘制日照分析范围

如图 2-35 所示，在"三维空间分析"面板中，设置最小高度为"0"m，最大高度为"30"m（古建筑的高度），开始时间为"2021-12-21 06:00"，点击"执行分析"按钮，设置结束时间为"2021-12-21 18:00"，其他参数采用默认值，再次点击"执行分析"按钮，日照分析结果如图 2-36 所示。

图 2-35　设置日照分析参数

图 2-36　日照分析结果

在"三维空间分析"面板中，点击 按钮，在弹出的"保存分析结果"对话框中，如图

2-37 所示，采用默认参数，点击"确定"按钮，将日照分析结果保存为三维点数据集
"SunLight_1"，其中包含反映阴影率的"ShadowRatio"字段。

图 2-37　保存分析结果

3）新建采光率字段

在 SuperMap iDesktop 软件的工作空间管理器中右键单击"SunLight_1"数据集，在右键
菜单中选择"属性"。如图 2-38 所示，在弹出的"属性"面板中，选择"属性表"选项卡，点
击➕按钮新建字段，设置字段名称和别名为"daylightingRatio"，类型为"双精度"，其他参
数采用默认值，点击✔应用按钮。

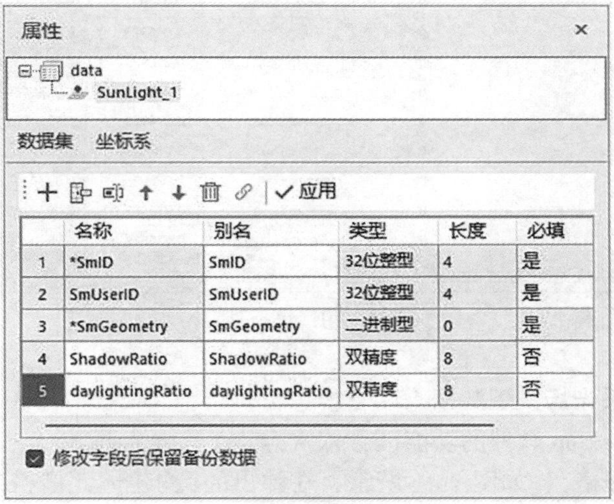

	名称	别名	类型	长度	必填
1	*SmID	SmID	32位整型	4	是
2	SmUserID	SmUserID	32位整型	4	是
3	*SmGeometry	SmGeometry	二进制型	0	是
4	ShadowRatio	ShadowRatio	双精度	8	否
5	daylightingRatio	daylightingRatio	双精度	8	否

图 2-38　新建字段

在 SuperMap iDesktop 软件的工作空间管理器中鼠标右键单击"SunLight_1"数据集，在
右键菜单中选择"浏览属性表"。在 SuperMap iDesktop 软件的功能区，依次点击"属性
表"→"编辑"→"更新列"，如图 2-39 所示，在弹出的"更新列：SunLight_1@ data"对话框
中，设置待更新字段为"daylightingRatio"，选择"整列更新"，数值来源为"单字段运算"，
运算字段为"ShadowRatio"，运算方式为"－"，设置运算方程式为"1-ShadowRatio"，点击
"应用"按钮，获得"daylightingRatio"字段的运算结果，如图 2-40 所示。

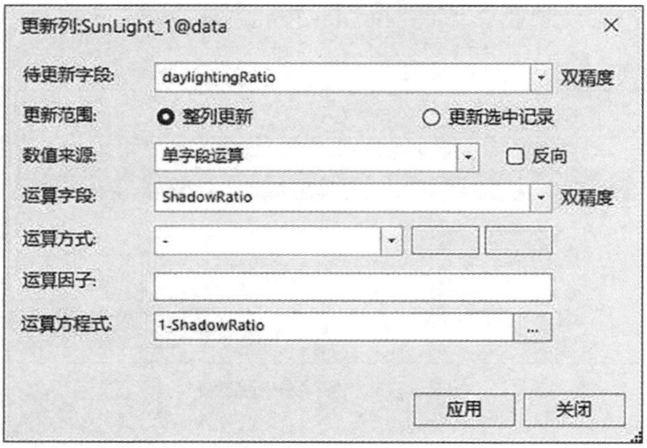

图 2-39　更新列

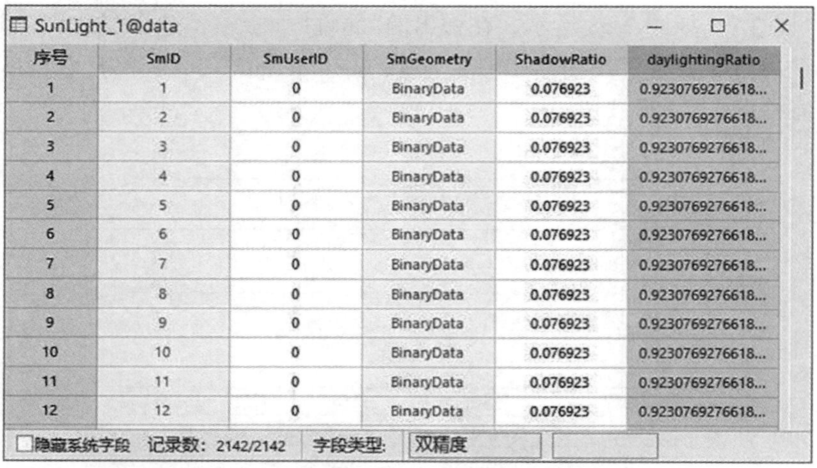

SunLight_1@data

序号	SmID	SmUserID	SmGeometry	ShadowRatio	daylightingRatio
1	1	0	BinaryData	0.076923	0.9230769276618...
2	2	0	BinaryData	0.076923	0.9230769276618...
3	3	0	BinaryData	0.076923	0.9230769276618...
4	4	0	BinaryData	0.076923	0.9230769276618...
5	5	0	BinaryData	0.076923	0.9230769276618...
6	6	0	BinaryData	0.076923	0.9230769276618...
7	7	0	BinaryData	0.076923	0.9230769276618...
8	8	0	BinaryData	0.076923	0.9230769276618...
9	9	0	BinaryData	0.076923	0.9230769276618...
10	10	0	BinaryData	0.076923	0.9230769276618...
11	11	0	BinaryData	0.076923	0.9230769276618...
12	12	0	BinaryData	0.076923	0.9230769276618...

隐藏系统字段　记录数: 2142/2142　字段类型: 双精度

图 2-40　更新列

2. 构建古建筑采光场模型数据

在 SuperMap iDesktop 软件的功能区，依次点击“三维数据”→“三维场数据”→“体元栅格”→“构建体元栅格”，如图 2-41 所示，在弹出的“构建体元栅格”对话框中，选择源数据集为“SunLight_1”，插值算法为“距离反比权重”，特征值为“daylightingRatio”字段，设置插值计算点数为 25，切分间距为 5，切分次数为 7，其他参数采用默认值，点击“确定”按钮，获得采光率的体元栅格数据集“DatasetVolume”。

3. 古建筑采光分布可视化

1) 加载体元栅格

在 SuperMap iDesktop 软件的工作空间管理器中鼠标右键单击“DatasetVolume”数据集，在右键菜单中选择“添加到当前场景”，如图 2-42 所示。

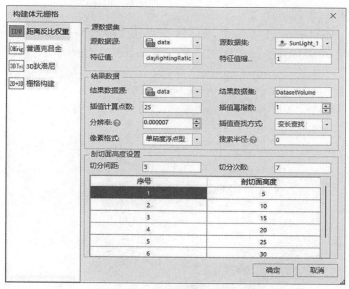

图 2-41　构建体元栅格

图 2-42　加载体元栅格

2）设置体元栅格图层透明度和颜色

在 SuperMap iDesktop 软件的图层管理器中，鼠标右键单击"DatasetVolume@ data"图层，在右键菜单中选择"图层属性"，如图 2-43 所示，在弹出的"图层属性"面板中，选择"体元栅格"选项卡，设置透明度(%)为 98，点击 <u>设置颜色表…</u> 按钮，如图 2-44 所示，在弹出的"颜色表"对话框中，点击下拉列表 ▬▬▬▬▬▬ ▾，选择 ▬▬▬ ZO_Cyane-Orange，点击"确定"按钮，显示效果如图 2-45 所示。

3）加载 BingMaps 影像底图

在 SuperMap iDesktop 软件的功能区，依次点击"场景"→"数据"→"在线地图"→"BingMaps"，实现 BingMaps 影像图层加载到三维场景作为底图显示，如图 2-46 所示。

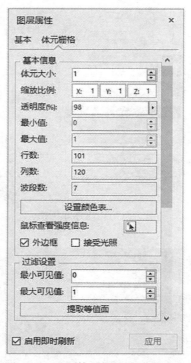

图 2-43　设置体元栅格图层透明度

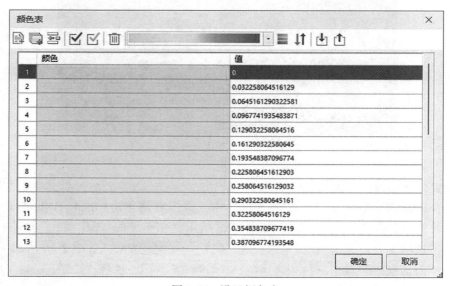

图 2-44　设置颜色表

图 2-45　体元栅格图层显示效果

图 2-46　三维场景

说明：需保证网络环境为可用状态，才可成功加载 BingMaps 服务图层。

4. 古建筑主屋窗户采光评估

1）古建筑模型数据生成缓存

在工作空间管理器中鼠标右键单击"CastleModel"数据集，在右键菜单中选择"生成缓存…"。如图 2-47 所示，在弹出的"生成场景缓存"对话框中，在"缓存路径"中设置古建筑模型的缓存存放路径，其他参数采用默认值，点击"确定"按钮，获得古建筑模型缓存，存储在"CastleModel@ data"文件夹中。

图 2-47　生成场景缓存

2）采光场模型数据叠加到模型缓存

在 SuperMap iDesktop 软件的功能区，依次点击"三维数据"→"三维瓦片"→"生成缓存"→"体元栅格叠加模型缓存"，如图 2-48 所示，在弹出的"体元栅格-叠加生成缓存"对话框中，数据源选择"data"，数据集选择"DatasetVolume"，模型文件(. scp)选择古建筑模型缓存文件夹"CastleModel@ data"中的 CastleModel@ data. scp，其他参数采用默认值，点击"确定"按钮。

图 2-48　体元栅格生成缓存

3）加载模型缓存到三维场景

在图层管理器中，鼠标右键选择"普通图层"，在右键菜单中选择"添加三维切片缓存图层…"。如图 2-49 所示，在弹出的"打开三维缓存文件"对话框中，选择古建筑模型缓存文件夹中的 CastleModel@ data. scp，点击"打开"按钮。

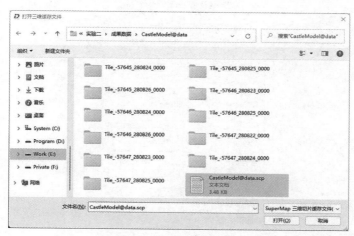

图 2-49　打开三维缓存文件

在图层管理器中，点击"CastleModel@ data"图层前的 ⊙ 按钮，隐藏该图层，如图 2-50 所示。

图 2-50　隐藏建筑模型图层

4）模型缓存分层设色

在图层管理器中，鼠标右键选择"CastleModel@ data#1"图层，在右键菜单中选择"图层属性"。如图 2-51 所示，在弹出的"图层属性"对话框中，选择"分层设色及淹没分析"选项卡，设置显示模式为"面填充"；点击 设置颜色表 按钮，如图 2-52 所示，在弹出的"颜色表"对话框中，点击下拉列表 █████████ ，选择"自定义…"；在弹出的"颜色方案编辑器"对话框中，点击两次 按钮，在颜色列表中，如图 2-53 所示，双击新增的颜色条，依次设置黑色、黄色，其他参数采用默认值，点击"确定"按钮，如图 2-54
所示，自动返回"颜色表"对话框，点击"确定"按钮。

图 2-51　图层属性

图 2-52　选择自定义

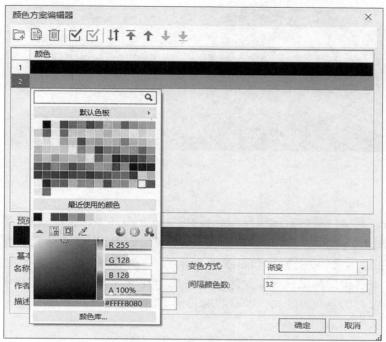

图 2-53　颜色方案编辑器

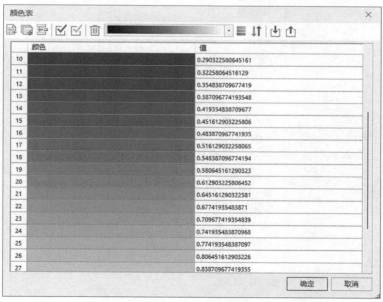

图 2-54　自定义颜色表

在三维窗口中观察主屋窗户，如图 2-55 所示，主屋窗口均呈现偏黄色，反映其在冬至日可获得日照，且左侧 3 扇窗户的日照时间比右侧 4 扇窗户的日照时间略长。

图 2-55　主屋窗户渲染效果

5）窗户采光强度查询

在图层管理器中，鼠标右键选择"DatasetVolume@ data"图层，在右键菜单中选择"图层属性"。如图 2-56 所示，在弹出的"图层属性"对话框中，选择"体元栅格"选项卡，点击"鼠标查看强度信息"按钮 🔖；如图 2-57 所示，在三维窗口中，将鼠标移动到主屋窗体的任意位置，查看窗体的采光率，左侧 3 扇窗户为 0.16~0.21，即日照时长为 2~2.5 小时，右侧 4 扇窗户为 0.08~0.16，即日照时长为 1~2 小时。

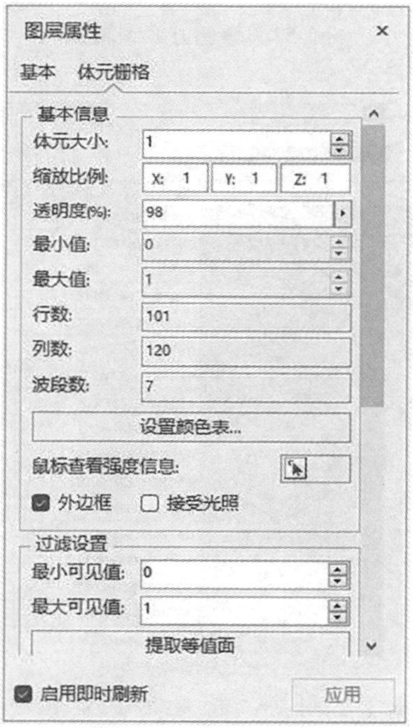

图 2-56　图层属性

6）成果保存

在三维场景窗口中，鼠标右键选择"保存场景"，如图 2-58 所示，在弹出的"场景另存为"对话框中，设置场景名称为"SunLight"，点击"确定"按钮。

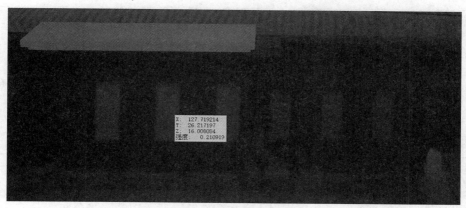

图 2-57　采光率查询

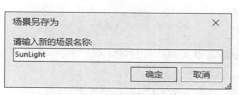

图 2-58　保存三维场景

　　在工作空间管理器中，右键单击"未命名工作空间"节点，选择"保存工作空间"，在弹出的"保存工作空间为"对话框中，选择成果数据保存目录，并设置工作空间名称为"SunLight"，点击"保存"按钮，如图 2-59 所示。

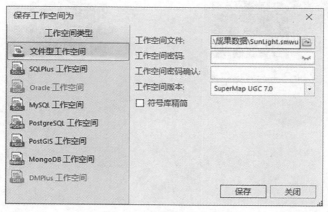

图 2-59　保存工作空间

5. 实验结果

本实验数据最终成果为 SunLight. smwu 和 data. udbx，具体内容如表 2-5 所示。

表 2-5 　　　　　　　　　　　　　　　　成　果　数　据

数据名称	类型	描　　述
SunLight_1	三维点	反映古建筑在 2021 年冬至日 06：00—18：00 采光率的三维点数据，存储于数据源文件 data. udbx 中
DatasetVolume	体元栅格	反映古建筑在 2021 年冬至日 06：00—18：00 采光率的场模型数据，存储于数据源文件 data. udbx 中
SunLight	三维场景	包含古建筑模型、采光场模型数据和 BingMaps 影像底图，存储于工作空间文件 SunLight. smwu 中

综上，本实验基于古建筑模型数据，利用 GIS 软件的日照分析、插值等方法，最终获得了采光场模型体元栅格，以此来模拟表达古建筑某一时段内的采光分布情况。

问题思考与练习

（1）三维体与其他三类常见的基本对象（点、线、面），属于空间数据的哪类概念模型？

（2）练习一是通过线性拉伸的方式构建了建筑的白模数据，除此之外，还可以通过在风格设置选项卡中，设置建筑矢量面的拉伸高度模式、底部高程、拉伸高度等参数来实现建筑的立体显示，请练习使用这类方式实现建筑的三维显示。

（3）除体元栅格之外，还有哪些数据类型属于空间数据模型中的场模型？

第 2 章实验操作视频

第 2 章实验数据

第3章　三维模型数据的集成与管理

3.1　学习目标

通过学习三维模型数据的相关理论，了解不同类型的建模数据在 GIS 中集成和管理的手段与方法，结合实验练习掌握建筑信息（BIM）模型、倾斜摄影模型、3ds Max 模型、激光点云数据与国产超图软件对接以及优化处理的实施步骤。让学生以辩证法中所学习的矛盾对立统一的思想方法，分析不同类型的三维模型数据在 GIS 中集成与管理的异同以及应用范围。

3.2　三维模型数据概述

随着数据采集技术的进步和建模软件的发展，3ds Max 模型、建筑信息模型（BIM）、倾斜摄影模型、三维地形、激光点云等三维模型数据在生产生活中的应用越来越广泛。通过建模得到的三维模型数据常见的有 3ds Max 数据模型、倾斜摄影三维模型、BIM 模型以及激光点云模型。在实际项目应用中，需根据具体需求和应用场景选择合适的建模方式。

3.2.1　BIM 模型

狭义的 BIM 指的是建筑信息模型，是 Building Information Modeling 的简称，是以建筑工程项目的各项相关信息数据作为模型基础，详细、准确地记录了建筑物构件的几何、属性信息，并以三维模型的方式展示。广义的 BIM 指的是建筑信息管理，是 Building Information Management 的简写，它是通过建立虚拟的建筑工程三维模型，利用数字化技术，为这个模型提供完整的、与实际情况一致的建筑工程信息库。它可以帮助实现建筑信息的集成，从建筑的设计、施工、运行直至建筑全寿命周期的终结，各种信息始终整合于一个三维模型信息数据库中，设计团队、施工单位、设施运营部门和业主等各方人员可以基于它进行协同工作，工作效率得到有效提高，并且节省了资源。

常见的 BIM 建模软件包括 Revit 系列软件、Bentley 系列软件、达索系列软件以及 Tekla 系列软件，通过这些软件输出的 BIM 模型数据格式多种多样，如 RVT、DGN 和 CGR 等格式。据不完全统计，目前国际上 BIM 软件有 70 多款，国内常用的也有二三十款之多，主流的 BIM 建模软件如表 3-1 所示。

表 3-1   **BIM 建模主流公司软件**

公司	软 件	格式
美国 Autodesk 公司	Revit 系列软件：提供支持建筑设计、MEP 工程设计和结构工程的工具	rvt
美国 Bently 公司	Bently 系列软件：包括 ContextCapture、LumenRT、PowerCivil 等	dgn
法国达索公司	达索系列软件：CATIA、SolidWorks 等	cgr
芬兰 Tekla 公司	Tekla 系列软件：TeklaBIMsight、TeklaField3D 等	ifc

无论哪种软件生成的 BIM 模型都具有带属性、构件多而且精细、分层管理等特点，因此 BIM 模型接入 GIS 软件实现数据对接时，必须考虑属性的对接、数据的优化和对数据的分层管理。

在 GIS 中实现 BIM 模型的接入有 3 种常用的方法：第一种，BIM 模型（如 obj 格式）直接利用 GIS 软件将其转为空间数据格式；第二种，借助 GIS 软件研制的 BIM 插件将模型导出为 GIS 软件可操作的格式；第三种，利用 BIM 软件将模型导出为交换格式（包括 fbx/dwg/dxf 等多种格式），再基于 GIS 软件转换为空间数据格式，存储到空间数据库中。

通过多层次细节 LOD、实例化存储与绘制、简化冗余三角网、生成三维切片等技术实现了海量 BIM 数据的轻量化处理与高效渲染，解决 BIM 与 GIS 结合应用的性能瓶颈。同时，BIM 数据导入 GIS 平台后存储为三维体数据模型，具有拓扑闭合性，可以进行空间运算、体积、表面积计算，与地形、倾斜摄影数据进行运算。例如，可对 BIM 数据进行剖切，获取户型图；大坝 BIM 与大规模地形实现精确的位置匹配；地形与构建凸包后的隧道 BIM 模型进行布尔运算，实现在山体模型中挖出贯通的隧道。

对于三维 GIS 来说，BIM 数据是三维 GIS 的另一重要数据来源，能够让三维 GIS 从宏观走向微观，同时可以实现精细化管理。对于 BIM 来说，其不可能脱离周边的宏观的地理环境要素，而三维 GIS 一直致力于宏观地理环境的研究，提供各种空间查询及空间分析功能，并且在 BIM 的规划、施工、运维阶段，三维 GIS 可以为其提供决策支持，因此三维 GIS+BIM 能产生无限的可能。

3.2.2　倾斜摄影模型

倾斜摄影自动化建模技术是测绘领域近些年发展起来的一项新技术，它主要通过同一飞行器的多台传感设备同时从垂直、倾斜多个角度来采集影像（图 3-1），再通过全自动批量建模生成倾斜摄影模型，其高精度、高效率、高真实感和低成本的绝对优势成为三维 GIS 的重要数据来源。

倾斜摄影技术近年来发展迅速，在实际生产中得到广泛应用。其主要优势体现在以下三点：第一，采集的数据包含丰富的地物纹理信息。倾斜摄影技术从多个不同的角度采集影像，能够获取地物侧面更加真实丰富的纹理信息，弥补了正射影像只能获取地物顶面纹理的不足。第二，可获取高分辨率影像。倾斜摄影平台搭载于低空飞行器，可获取厘米级

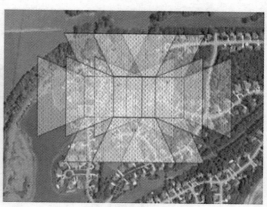

图 3-1　倾斜摄影数据生成

高分辨率的垂直和倾斜影像。第三，构建逼真的三维空间场景。通过倾斜摄影技术获取的影像构建真实三维场景，不仅拥有准确地物地理位置坐标信息，并且可精细地表达地物的细节特征，包括突出的屋顶和外墙，以及地形地貌等精细特征。

　　倾斜摄影数据目前有自动化建模、人工干预建模以及倾斜摄影+机载激光扫描建模三种方式，如表 3-2 所示。市场上以自动化建模软件的使用最为普遍，常见的有 CC（Smart3D）、街景工厂（StreetFactory）以及 PhotoScan 等，随之也产生了很多不同格式的模型文件。

表 3-2　　　　　　　　　　　　　倾斜摄影建模方式及主流软件

建模方式	主流软件	优缺点
倾斜摄影自动化建模	StreetFactory、CC（Smart3D）	优点：高效率、高精度、高真实感、低生产成本 缺点：自动化建模软件构建出来的是连续的 TIN 网，无法选中单个建筑
倾斜摄影人工干预建模	天际航（DP-Modeler）	优点：真实、精度高、已单体化； 缺点：需要耗费人工成本
倾斜摄影+机载激光扫描建模	华正、东方道迩、中科遥感	优点：真实、精度高、已单体化； 缺点：需要机载激光扫描两次，成本高

　　目前市面上公开认可的倾斜摄影数据的标准格式为 OSGB 格式，以 CC 软件生产的 OSGB 格式为例，倾斜摄影数据有很多个包含 OSGB 数据的文件夹，由一个 s3c 后缀的文件以及一个 metadata.xml 的文件组成。其中 *.s3c 文件为 CC 软件的工程文件。Data 文件夹是倾斜摄影模型数据的根目录，用于存放倾斜摄影三维数据。metadata.xml 为元数据文件，用于存放倾斜摄影三维数据的坐标系和坐标值信息，如图 3-2、图 3-3 所示有两种格式。

```
< ?xml version="1.0" encoding="utf-8"?>
<ModelMetadata version="1 ">
    <!--Spatial Reference System-->
    <SRS>ENU:36.67659,117.03576</SRS>
    <!--Origin in Spatial Reference System-->
    <SRSOrigin>-0,-0,0</SRSOrigin>
</ModelMetadata>
```

图 3-2　ENU 坐标系格式的元数据文件

```
< ?xml version="1.0" encoding="utf-8"?>
<ModelMetadata version="1 ">
    <!--Spatial Reference System-->
    <SRS>EPSG:32649</SRS>
    <!--Origin in Spatial Reference System-->
    <SRSOrigin>686169,2541593,0</SRSOrigin>
    <Texture>
        <ColorSource>Visible</ColorSource>
    </Texture>
</ModelMetadata>
```

图 3-3　EPSG 编码坐标系格式的元数据文件

无论采用哪一种建模方案，最终得到的倾斜摄影模型都可以看成是一张表面覆盖了高分影像的连续的 TIN 三角网。但在 GIS 管理和应用中，若倾斜摄影模型不能进行对象的单独选中和查询，就只能和影像一样作为底图浏览，无法进一步深入应用，由此引出了倾斜摄影的单体化技术。

"单体化"其实指的是我们想要单独管理的对象，是可以被单独一个个选中分离的实体对象，可以赋予属性，可以被查询统计，等等。只有具备了"单体化"的能力，数据才可以被管理，而不仅仅是被用来查看。在大多数 GIS 应用中，能对建筑等地物进行单独的选中、赋予属性、查询分析等是最基本的功能要求。因此，单体化成为倾斜摄影模型在GIS 应用中必须解决的难题。目前应用较为广泛的单体化方法包括以下三种：切割单体化、ID 单体化和动态单体化。

1）切割单体化

切割单体化的实现思路大体如图 3-4 所示。

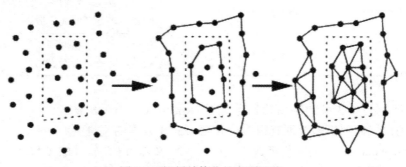

图 3-4　切割单体化的实现思路

首先，以配套矢量面的边界线(图 3-4 中虚线)为切割线，将点集(即建模过程中生成的高密度点云）分为内外两个部分；再进行运算生成每一个点子集的边界，也就得到了单体化模型的边界；最后对每一个点子集进行三角剖分和优化，便得出如图 3-5 所示的单体化模型。

图 3-5　Skyline 软件切割单体化模型效果

从图 3-5 中能够看到，切割单体化得到的模型整体效果还不错，单独的建筑物可以删除、修改或替换，其纹理也可以修改。美中不足的是，当我们将模型放大到一定程度时，它的边缘上锯齿状的剖分痕迹很明显，美观度大打折扣。目前市场上只有小部分的三维应用中使用的是切割单体化得到的模型数据。

2）ID 单体化

ID 单体化是指结合已有的二维矢量面数据，将对应的矢量面的 ID 值作为属性赋给三角网中的每个顶点，那么同一地物对应的三角网顶点就存储了同一个 ID 值，当鼠标选中某一个三角面片时，根据这个三角面片顶点的 ID 值得到其他 ID 相同的三角面片并高亮显示，就实现了单独选中某一地物的效果，如图 3-6 所示。矢量数据集中存储 ID 值的字段就是关联字段，也可以指定其他字段作为关联字段。

图 3-6　使用 SuperMap 软件进行 ID 单体化处理后得到的模型

3）动态单体化

动态单体化与切割单体化和 ID 单体化不同，动态单体化不需要对倾斜摄影模型数据进行预处理。只需要将配套的二维矢量面与倾斜摄影模型加载到同一场景中，在渲染模型数据时把矢量面贴到倾斜模型对象表面，然后设置矢量面的颜色和透明度，就可以实现单独选中地物的效果，如图 3-7 所示。使用动态单体化进行专题图制作最为方便快捷。

图 3-7　SuperMap 软件基于动态单体化制作专题图

在实际应用中，一般根据具体情况来选择最适合的单体化方式。表 3-3 是针对三种单体化方法的一个对比说明。

表 3-3　　　　　　　　　　　　　　　　　　三种单体化方法对比

单体化类型	切割单体化	ID 单体化	动态单体化
技术思路	切割点集后再分别构网	同一地物的三角网顶点赋予相同 ID	叠加矢量底面，动态渲染出单体化效果
预处理时间	长	一般	无
建模效果	模型边缘锯齿感明显	一般	好，模型边缘和屏幕分辨率一致
GIS 功能	弱	一般	强，常用功能都能实现

3.2.3　手工建模数据

手工建模数据是指将现实世界中手工制作的模型数字化或者利用相应的软件如 3ds Max、MAYA 等建立的模型数据，实现对现实世界的表达。其步骤一般包括：首先制作建筑物框架，再贴上现场拍摄的纹理，并辅以光影的效果。手工模型的效果一般由建模人员的技术水平决定，效果美观酷炫，可以突破可视空间的局限，但是耗时长、制作复杂，生产成本高，精确度难以保障，不适合区域范围较大的应用场景，同时，对硬件的要求也较高。

3ds Max 模型指的是 AutoDesk 3ds Max 软件的数据成果，是三维 GIS 应用中常见的一种三维模型数据。常用于城市规划、数字校园等应用领域，经常用来表达中心城区或者新兴开发区或者旧城改造时的城市规划设计。此外也可以为室内导航、室内查询定位以及应急救援路线等提供良好的数据支撑。为了使 3ds Max 在后续的 GIS 应用中能够表现良好的视觉效果和高效的显示性能，要求建模时要遵循建模规范。采用低面建模方式，重叠的面、冗余的线要删除掉，力求用最少的面数表现出较好的结构。在建模时为了使建筑物更加贴近现实生活，通常采用烘焙的方式进行渲染。

3ds Max 模型完成以后需要借助插件导出模型，模型分层导出到单个模型数据集中。模型导出时，需要注意将建筑、树木、地块分别导出到单独的模型数据集中，便于在 GIS 应用中对不同要素进行管理，例如：各图层的显隐控制、可见高度控制等。

3ds Max 模型接入 GIS 平台以后需要处理和优化。通过新建属性字段，编辑字段信息来完善数据集中不同要素的属性信息。通过生成场景缓存和场景缓存优化来使图形数据的浏览速度更加流畅。

在 GIS 软件中提供两种方式生成场景缓存：①先搭建场景，然后鼠标右键选中保存的场景，整个场景生成场景缓存；②选中单个或者同时选中多个模型数据集，对其分别生成缓存，然后搭建场景。

场景缓存优化可修改图层属性中的可见高度、可见距离和 LOD 缩放比例，以提升单个图层的性能。可见高度通过相机与图层的垂直高度控制图层显隐，控制整个图层对象的可见性；可见距离通过相机与模型的直线距离控制模型对象的显隐，控制模型对象的可见性；LOD 缩放比例控制切换距离的缩放倍数，其中切换距离 = LOD 距离×缩放比例。

3ds Max 模型在 GIS 中的集成与管理实验见本章练习三。

3.2.4 激光点云模型

广义上来讲，通过测量得到的拥有 x、y、z 值的数据的集合都可以称为点云数据；一般使用的点云数据都是通过三维坐标测量机或者三维激光扫描仪得到的点云数据。使用三维坐标测量机所得到的点数量比较少，点与点的间距也比较大，叫稀疏点云；而使用三维激光扫描仪或照相式扫描仪得到的点云，点数量比较大并且比较密集，叫密集点云。

点云通常作为一种精度高且采集速度快的方式，在测绘行业中使用，比如在林业中，通常用三维激光扫描仪测量树木的点云数据，从而可以精确地计算出树木的材积量。

通常用的点云格式包括 las、laz、txt、xyz、ply 等。ASCII 点云包括 txt、txt、xyz、ply、csv 等，优点是方便记忆和读写，是通常硬件设备可以普遍采用的存储方式，缺点是存储量大读写速度慢。LAS 是美国摄影测量与遥感协会（ASPRS）所创建和维护的行业格式。每个 LAS 文件的页眉块都包含激光雷达测量的元数据，是所记录的每个激光雷达脉冲的所有记录。每个 LAS 文件的页眉部分都保留有激光雷达测量本身的属性信息：数据范围、飞行日期、飞行时间、点记录数、返回的点数、使用的所有数据偏移以及使用的所有比例因子。为 LAS 文件的每个激光雷达脉冲保留以下激光雷达点属性：（x, y, z）位置信息、GPS 时间戳、强度、回波编号、回波数目、点分类值、扫描角度、附加 RGB 值、扫描方向、飞行航线的边缘、用户数据、点源 ID 和波形信息。

最初，激光雷达数据以 ASCII 格式交付。由于激光雷达数据集合非常庞大，所以不久之后，开始采用一种称为 LAS 的二进制格式来管理和标准化激光雷达数据的组织和传播方式。现在，以 LAS 表示的激光雷达数据十分常见。LAS 是一种可接受性更强的文件格式，因为 LAS 文件包含的信息更多，而且由于采用二进制，所以导入程序中可以更高效地读取。

点云的处理软件有很多，可以根据情况选用不同的处理软件。CloudCompare 是一款开源的点云处理软件，可以在 CloudCompare 的官网 http：//www.cloudcompare.org/下载。

点云数据接入 GIS 平台需要先生成 list 配置文件，超图平台目前支持 las、txt、xyz、ply、laz 5 种格式的点云数据。设置好相应的参数后，程序自动读取并显示源路径下点云文件的前 10 行文本。点云存储所采用的信息格式类型包括以下几种：

XYZ：采用 XYZ 坐标的格式。

XYZ_Reflectance：采用 XYZ 坐标、反射强度格式。

XYZ_Reflectance_RGB：采用 XYZ 坐标、反射强度、颜色信息的格式。

XYZ_Reflectance_RGB_Normal：采用 XYZ 坐标、反射强度、颜色信息、表面法向量的格式。

XYZ_Reflectance_Normal_RGB：采用 XYZ 坐标、反射强度、表面法向量、颜色信息的格式。

XYZ_RGB：采用 XYZ 坐标、颜色信息的格式。

XYZ_RGB_Reflectance：采用 XYZ 坐标、颜色信息、反射强度的格式。

XYZ_RGB_Normal：采用 XYZ 坐标、颜色信息、表面法向量的格式。

XYZ_RGB_Reflectance_Normal：采用 XYZ 坐标、颜色信息、反射强度、表面法向量的格式。

XYZ_RGB_Normal_Reflectance：采用 XYZ 坐标、颜色信息、表面法向量、反射强度的格式。

XYZ_Normal：采用 XYZ 坐标、表面法向量的格式。

XYZ_Normal_RGB：采用 XYZ 坐标、表面法向量、反射强度的格式。

XYZ_Normal_Reflectance_RGB：采用 XYZ 坐标、表面法向量、反射强度、颜色信息的格式。

数据分隔符：下拉选择点云数据各信息之间的分隔符类型，选择项有以下几个：

空格：以空格“"作分隔符；

逗号：以逗号“，"作分隔符；

冒号：以冒号“："作分隔符。

RGB 格式：下拉选择点云数据颜色值的表达范围类型，选择项有以下两个：

0~1：颜色值范围为 0~1。

1~255：颜色值范围为 1~255。

点云数据在 GIS 中的集成与管理见本章练习四。

3.3　练习一　BIM 模型在 GIS 中的集成与管理

3.3.1　实验要求

本实验以"基于 BIM 模型的建筑数据管理与查询平台"为应用场景，实现对建筑模型和属性数据的统一存储、编辑和查询。

具体要求如下：

(1)属性信息与几何模型统一存储：将 BIM 建筑模型(包括几何模型和属性信息)导入 GIS 平台的数据源中存储。

(2)属性信息与几何模型统一编辑：假设某栋建筑 1 楼的部分墙面出现裂缝(如图 3-8 所示)，要求通过 GIS 软件为建筑模型中的墙体数据属性表添加问题描述字段，对发生裂缝的墙体对象(如图 3-9 所示)，填入"墙面开裂"的字段值，并将具有质量问题的墙体模型以红色显示，方便管理层查看。

图 3-8　墙面裂缝

图 3-9　发生裂缝的墙体对象

（3）问题对象的查询：根据问题描述字段通过 SQL 查询，能够定位墙体开裂的对象。

3.3.2　实验目的

（1）了解 BIM 模型在 GIS 平台中的存储方式；
（2）掌握使用 GIS 软件将 BIM 模型文件导入 GIS 平台的方法；
（3）掌握模型数据编辑与查询工具的使用方法。

3.3.3　实验环境

SuperMap iDesktop 10.2.1 及以上版本，Revit2020 及以上版本。

3.3.4　实验数据与思路

1. 实验数据
本实验数据采用 BuildingModel. rvt，具体使用的数据明细如表 3-4 所示。

表 3-4　　　　　　　　　　　　　**数 据 明 细**

数据名称	类型	描　　　述
BuildingModel. rvt	BIM 模型数据	Autodesk Revit 软件构建的某大楼的 BIM 建筑模型数据，包含墙、楼板、天花板、门、窗等建筑构件

2. 实验思路
针对本实验中"基于 BIM 模型的建筑数据管理与查询平台"的应用需求，具体实现思路如下：
（1）属性信息与几何模型统一存储，利用超图的 Revit 插件，将 BIM 数据（包括几何模型和属性信息）导出为 GIS 平台中的模型数据集，并在三维场景中查看任意对象的几何信息与属性信息。
（2）属性信息与几何模型统一编辑，通过 GIS 软件的属性表管理、关联浏览模型属性以及编辑功能，添加问题描述字段，将墙面质量问题追加到模型数据集的属性表中，并修改几何模型材质颜色。
（3）问题对象的查询利用 GIS 软件的"SQL 查询"功能，基于问题描述字段，快速定位问题数据。
实验流程如图 3-10 所示。

3.3.5　实验过程

1. 属性信息与几何模型统一存储
1）Revit 插件导出 BIM 模型
将 BIM 模型导出到 GIS 平台需提前安装 Autodesk Revit 及 SuperMap 提供的 Revit 导出插件，下载地址为：（注意下载的 Revit 插件版本号与 Revit 软件的版本号保持一致）

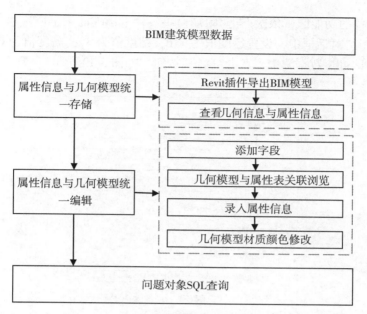

图 3-10　实验流程图

http://support. supermap. com. cn/DownloadCenter/DownloadPage. aspx？tt = ProductAAS&id = 134。其安装步骤可参考插件配套的说明文档，本实验不再赘述。

使用 Autodesk Revit 软件打开 BIM 建筑模型数据 BuildingModel. rvt，在项目浏览器中，双击打开三维视图"{3D}"，如图 3-11 所示。

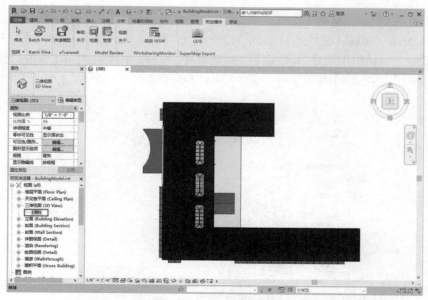

图 3-11　打开三维视图

在 Revit 软件的功能区，依次点击"附加模块"→"SuperMap Export"→"UDB"，在弹出的"导出参数设置"对话框中，设置经度值为 116，纬度值为 39，高度值为 0.1，选择导出到 BuildingModel. udbx 数据源中，点击"确定"按钮，如图 3-12 所示。

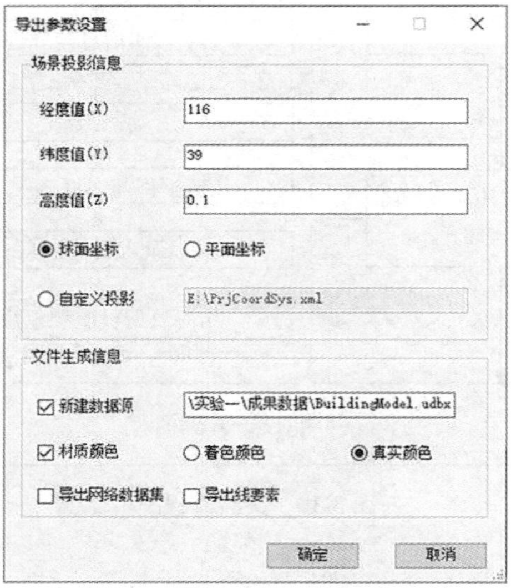

图 3-12　导出参数设置

说明：本实验不考虑 BIM 建筑模型的真实地理位置，仅选取一对坐标值(116，39)作为导出时的插入点坐标；同时为避免 BIM 模型的地面部分与地表重合导致重影的现象，将高度值设置为 0.1。

2）查看几何信息与属性信息

在 SuperMap iDesktop 软件的功能区，依次点击"开始"→"数据源"→"文件"→"打开文件型数据源"，在弹出的"打开数据源"对话框中，选择 BuildingModel. udbx 数据源，点击"打开"按钮，如图 3-13 所示。

图 3-13　打开数据源

在 SuperMap iDesktop 软件的工作空间管理器中鼠标右键单击"墙_BuildingModel"数据集，在右键菜单中选择"添加到新球面场景"。在图层管理器中，鼠标右键单击"墙_BuildingModel@ BuildingModel"图层，在右键菜单中选择"快速定位到本图层"。在三维场景窗口中，即可查看该图层中的几何模型。在三维场景窗口中，双击任意一个几何模型，即可查看该几何模型的属性信息，如图 3-14 所示。

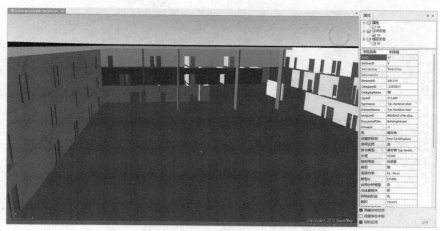

图 3-14　双击查看模型的属性信息

说明：SuperMap 提供的 Revit 导出插件在导出时，将 BIM 数据的几何信息和属性信息都存储到同一个数据集中进行管理，本实验以"墙_BuildingModel"数据集为例，通过双击任意一个几何模型，查看其对应的属性信息。

2. 属性信息与几何模型统一编辑

1) 添加字段

在 SuperMap iDesktop 软件的工作空间管理器中鼠标右键单击"墙_BuildingModel"数据集，在右键菜单中选择"属性"，在弹出的属性面板中，点击工具栏的➕按钮添加字段，如图 3-15 所示，设置新增字段名称为"problemStatement"，别名为"问题描述"，类型为"文本型"，其他参数采用默认值，点击✓ 应用 按钮。

图 3-15　添加字段

2）几何模型与属性表关联浏览

在图层管理器中，鼠标右键单击"墙_BuildingModel@ BuildingModel"图层，在右键菜单中选择"关联浏览属性数据"，即可关联浏览指定图层的属性表，如图 3-16 所示。

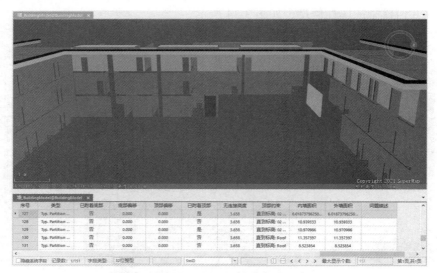

图 3-16　关联浏览属性数据

3）录入属性信息

在三维场景窗口中，依次点击存在墙面质量问题的模型对象，并在关联浏览的属性表中，为"问题描述"字段输入字段值"墙面开裂"，按回车键确认输入值，如图 3-17 所示。

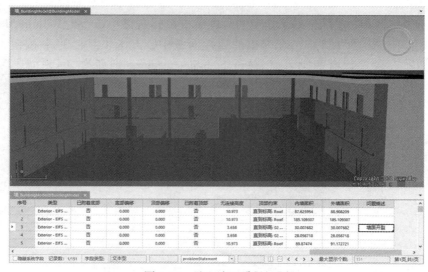

图 3-17　录入墙面质量问题

4）几何模型材质颜色修改

在 SuperMap iDesktop 软件的功能区，依次点击"三维数据"→"模型"→"模型工具"→"模型处理"→"修改材质颜色"，在弹出的"批量修改模型材质颜色"对话框中，点击 添加数据集 按钮，添加"墙_BuildingModel"数据集，如图 3-18 所示。

图 3-18　添加数据集

选择"条件设置"单选框，点击 ➕ 按钮，在过滤条件下方新增一条空的记录，单击过滤条件末端的 ⋯ 按钮，如图 3-19 所示。

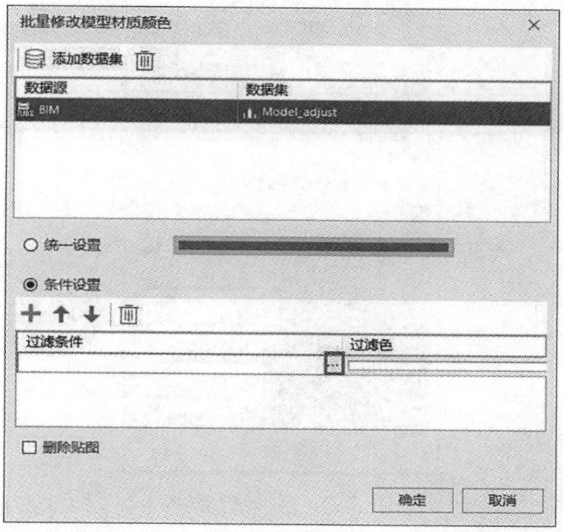

图 3-19　添加条件设置

在弹出的"SQL 表达式"对话框中，如图 3-20 所示，在字段列表中最后一列，找到"问题描述"字段，点击"获取唯一值"按钮，可查看其字段值，输入条件语句"problemStatement＝'墙面开裂'"，点击"确定"按钮。

图 3-20　设置 SQL 表达式

在"批量修改模型材质颜色"对话框中，点击过滤色末端的▾按钮，添加过滤色为红色(R:255,G:0,B:0)，如图 3-21 所示。

图 3-21　设置过滤色

在"批量修改模型材质颜色"对话框中，如图 3-22 所示，点击"确定"按钮，即可根据

设置的过滤条件和过滤色，对建筑模型的材质颜色进行批量修改，结果数据集默认命名为
"墙_BuildingModel_1"。

图 3-22　批量修改模型材质颜色

在 SuperMap iDesktop 软件的工作空间管理器中，鼠标右键单击"墙_BuildingModel_1"
数据集，在右键菜单中选择"添加到当前场景"，查看材质颜色修改结果，如图 3-23 所示。

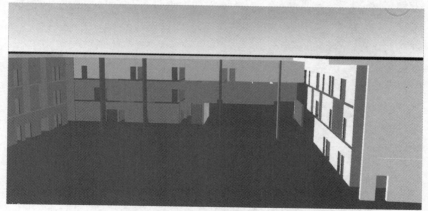

图 3-23　模型材质颜色修改结果

3. 问题对象 SQL 查询

在 SuperMap iDesktop 软件的功能区，依次点击"空间分析"→"查询"→"SQL 查询"，
在弹出的"SQL 查询"对话框中，如图 3-24 所示，选择参与查询的数据为"墙_
BuildingModel_1"数据集，设置查询字段为"墙_BuildingModel_1.＊"，查询条件为"墙_

BuildingModel_1. problemStatement＝′墙面开裂′"，在结果显示中勾选"场景中高亮"，勾选"保存查询结果"，数据集名称设置为"QueryResult_wall"，点击"查询"按钮，在弹出的三维场景窗口和属性窗口中，可关联查看查询获取的问题对象及其属性，如图 3-25 所示，左侧窗口中电脑屏幕显示的红色对象为问题对象，右侧窗口为问题对象的属性信息。

图 3-24　SQL 查询参数设置

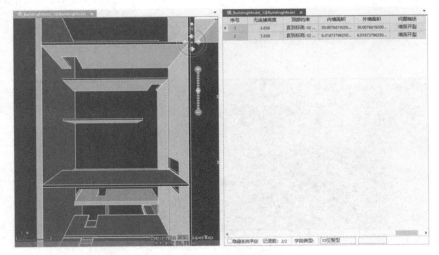

图 3-25　查询结果显示

4. 实验结果

本实验数据最终成果为 BIM. smwu 和 BuildingModel. udbx，具体内容如表 3-5 所示。

表 3-5　成果数据

数据名称	类型	描　　述
BuildingModel. udbx	数据源	包含 BIM 建筑模型数据导出到 GIS 平台的成果数据
墙_BuildingModel_1	模型数据集	墙面的模型数据集，针对含质量问题的墙面对象，材质颜色已修改为红色
QueryResult_wall	模型数据集	问题对象的查询结果，包含几何模型和属性信息

综上，本实验将 Autodesk Revit 软件构建的某大楼的 BIM 建筑模型数据，通过 Revit 插件导出到 GIS 软件的文件型数据源中存储，并基于 GIS 软件的模型编辑与属性编辑功能，修改了含质量问题的几何模型材质颜色，同时将质量问题的描述录入到属性表中，并且实现了对具有质量问题的模型对象的 SQL 查询，便于管理者查看。

3.4　练习二　倾斜摄影三维模型在 GIS 中的集成与管理

3.4.1　实验要求

本实验以"某小区建筑属性的交互查询"为应用场景，基于该小区的倾斜摄影三维模型和建筑矢量面，通过 GIS 软件的三维可视化和 ID 单体化技术，将倾斜摄影三维模型加载到三维场景中立体显示，并确保用户可以通过鼠标双击任意一栋高层住宅楼（如图 3-26 所示），即可查看该楼的属性信息。注意：属性信息来源于建筑矢量面的属性表。

图 3-26　高层住宅楼选中状态

3.4.2　实验目的

（1）了解 ID 单体化技术，能够将其应用到倾斜摄影三维模型的交互查询中；
（2）掌握倾斜摄影三维模型数据集成到 GIS 平台中的方法。

3.4.3 实验环境

SuperMap iDesktop 10.2.1 及以上版本。

3.4.4 实验数据与思路

1. 实验数据

本实验数据采用 OSGB 文件夹与 data. udbx，具体使用的数据明细如表 3-6 所示。

表 3-6   数 据 明 细

数据名称	类型	描　　述
Tile_+ ***_+ ***	文件夹	包含某区域倾斜摄影自动化建模成果数据，存储于 OSGB 文件夹中的 3 个"Tile"开头的文件夹中
中心点与坐标系 . txt	文本文件	包含倾斜摄影自动化建模成果对应的坐标系统和中心点坐标值，存储于 OSGB 文件夹中
buildingRegion	二维面	某小区高层住宅楼的矢量面数据，存储于文件型数据源 data. udbx 中

2. 实验思路

针对本实验中"某小区建筑属性的交互查询"的应用需求，具体实现思路如下：

（1）倾斜摄影三维模型单体化，基于倾斜摄影三维模型与高层住宅楼矢量面数据，通过 GIS 软件的"生成配置文件"和"倾斜入库"功能，实现倾斜摄影三维模型的 ID 单体化，并将倾斜摄影三维模型单体化结果加载到三维场景中。

（2）建筑属性的交互查询，首先基于高层住宅楼矢量面数据，利用 GIS 软件的"关联属性"功能，将矢量面的建筑信息关联到倾斜摄影三维模型图层；然后通过 GIS 软件的交互操作能力，即可在三维场景中通过双击鼠标选中对象，从而实现建筑属性的交互查询。

实验流程如图 3-27 所示。

3.4.5 实验过程

1. 倾斜摄影三维模型单体化

1）生成配置文件

在 SuperMap iDesktop 软件的功能区，依次点击"三维数据"→"倾斜摄影"→"数据管理"→"生成配置文件"，如图 3-28 所示，在弹出的"生成倾斜摄影配置文件"对话框中，将源路径和目标路径设置为 OSGB 文件夹所在目录，目标文件名为"Config"，模型参考点的 X、Y、Z 坐标信息根据实验数据"中心点与坐标系 . txt"分别设置为"113.06277"、"22.64785"与"0"，勾选"ENU"复选框，点击"确定"按钮。

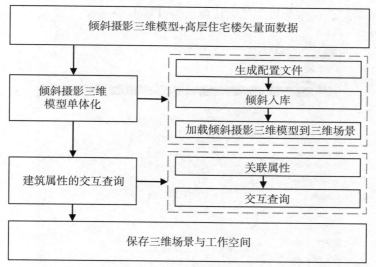

图 3-27　实验流程图

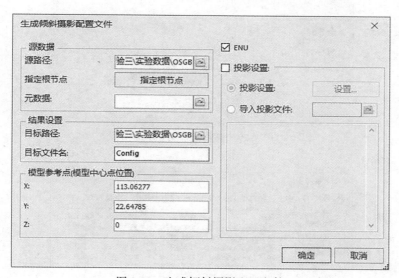

图 3-28　生成倾斜摄影配置文件

2）倾斜入库

在 SuperMap iDesktop 软件的功能区，依次点击"三维数据"→"倾斜摄影"→"数据处理"→"倾斜入库"，在弹出的"倾斜入库"对话框中，如图 3-29 所示，点击 按钮，添加上一步生成的配置文件 Config. scp，设置输出目录，选择 S3M 版本为"S3M 2.0"，中心点坐标单位为"度"，勾选"模型单体化"复选框，单体化所需的数据源、数据集和目标字段，分别设置为"data"、"buildingRegion"和"SmID"；勾选"设置目标坐标系"，点击"设置…"按钮，在弹出的"坐标系设置"对话框中（如图 3-30 所示），选择"GCS_WGS 1984"坐标系，点击"应用"按钮，返回"倾斜入库"对话框，其他参数采用默认值，点击"确定"按钮，获得倾斜入库成果数据，其中配置文件默认命名为"Combine. scp"。

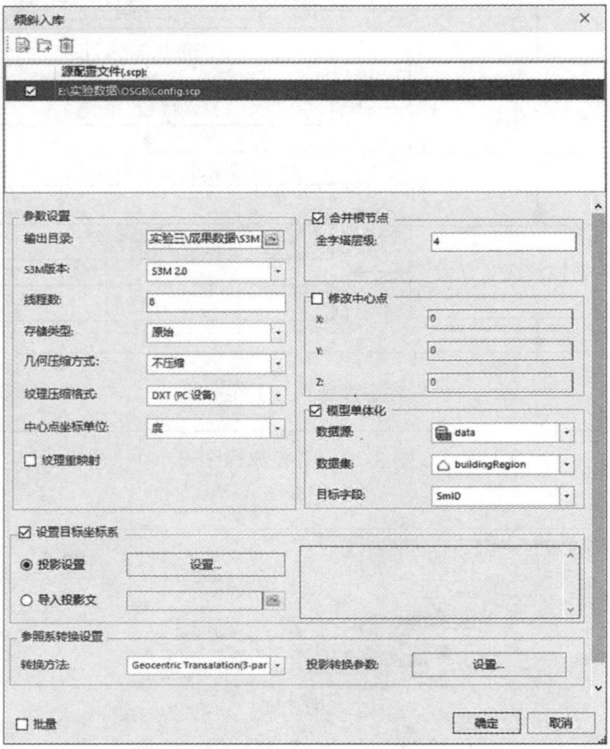

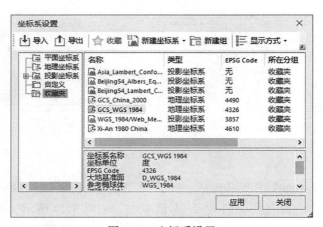

图 3-29　倾斜入库参数设置

图 3-30　坐标系设置

　　说明：buildingRegion 数据集的坐标系为 WGS1984，倾斜摄影三维模型数据原始坐标系为 ENU，本实验通过"倾斜入库"将后者坐标系转换为 WGS1984，以统一数据坐标系。
　　3）添加倾斜摄影三维模型到三维场景

在 SuperMap iDesktop 工作空间管理器中，右键选中"场景"节点，在右键菜单中选择"新建球面场景"。在图层管理器中，右键选中"普通图层"节点，在右键菜单中选择"添加三维切片缓存..."，在弹出的"打开三维缓存文件"对话框中，选择倾斜入库成果数据中的配置文件"Combine. scp"，如图 3-31 所示。

图 3-31　添加配置文件

在图层管理器中，鼠标右键选中"Combine"图层，在右键菜单中选择"快速定位到本图层"，即可看到加载到三维场景中的倾斜摄影三维模型，如图 3-32 所示。

图 3-32　倾斜入库成果数据

2. 建筑属性的交互查询

1）关联属性

在 SuperMap iDesktop 软件的图层管理器中，鼠标右键选中"Combine"图层，在右键菜单中选择"关联属性"，在弹出的"OSGB 图层关联属性查询"对话框中，将数据源、数据集和目标字段分别设置为"data"、"buildingRegion"和"SmID"，如图 3-33 所示。

图 3-33　打开工作空间

2）交互查询

在三维场景中，双击选中任意一栋高层住宅楼，在弹出的属性面板中，即可查看对应的建筑属性，如图 3-34 所示。

图 3-34　高层住宅楼属性查询

3. 成果保存

在三维场景窗口中，右键选择"场景另存为…"，如图 3-35 所示，在弹出的"场景另存为"对话框中，设置场景名称为"buildingQuery"，点击"确定"按钮。

图 3-35　保存三维场景

在 SuperMap iDesktop 工作空间管理器中，鼠标右键选中"未命名工作空间"节点，在右键菜单中选择"保存工作空间"，在弹出的"保存工作空间为"对话框中，设置工作空间文件的名称为"buildingQuery"以及保存目录，其他参数采用默认值，点击"保存"按钮，如图3-36所示。

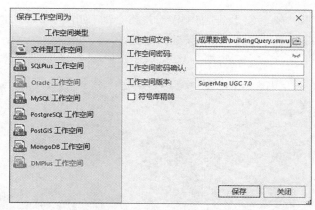

图 3-36　保存三维场景

4. 实验结果

本实验数据最终成果为 buildingQuery. smwu 和 S3M 文件夹，具体内容如表 3-7 所示。

表 3-7　　　　　　　　　　　　　　　成 果 数 据

数据名称	类型	描　　述
Tile_0000_0000_0000_0000	文件夹	倾斜入库的成果数据，存储于 S3M 文件夹中
Combine. scp	配置文件	倾斜入库的成果数据，存储于 S3M 文件夹中
buildingQuery	三维场景	已加载倾斜入库的成果数据，存储于工作空间文件 buildingQuery. smwu 中

综上，本实验基于某小区的倾斜摄影三维模型和住宅楼矢量面数据，通过 GIS 软件的倾斜入库和关联属性等功能，实现了建筑模型的三维显示与建筑属性的交互查询。

3.5　练习三　3ds Max 模型在 GIS 中的集成与管理

3.5.1　实验要求

树立和践行绿水青山就是金山银山的理念，坚持节约资源和保护环境的基本国策。在城市建设方面，公园城市的理念契合国家生态文明建设的现实要求，秉持以人为本的价值内涵，通过制定更为精细化与个性化的设计方案，公园城市极大地满足了当代人们对美好生活的向往与追求，成为了当前城市更新设计的一大趋势。

本实验以"基于 3ds Max 模型的公园凉亭设计方案展示"为应用场景，假设某公园计划新建一座凉亭，要求通过 GIS 软件将基于 Autodesk 3ds Max 构建的设计模型添加到三维场景中展示。

具体要求如下：

(1)凉亭位置要求：要求建于公园内第二大湖心岛(如图 3-37 所示)，具体坐标值为(116.4 ████, 39.9 ████, 5.2)，坐标系为 WGS1984。

图 3-37　凉亭位置

(2)凉亭朝向要求：要求凉亭 2 个入口分别朝向凉亭两侧的道路，并与西侧道路走向基本平行。

3.5.2　实验目的

(1)掌握将 3ds Max 模型文件集成到 GIS 平台的方法；
(2)掌握模型数据空间信息编辑工具的使用。

3.5.3　实验环境

SuperMap iDesktop 10.2.1 及以上版本，3ds Max2020 及以上版本。

3.5.4　实验数据与思路

1. 实验数据

本实验数据采用 pavilion. max、CBD. smwu 和 CBD. udb，具体使用的数据明细如表 3-8所示。

表 3-8　　　　　　　　　　　　　　　　数 据 明 细

数据名称	类型	描　　　述
pavilion. max	3ds Max 模型数据	Autodesk 3ds Max 软件构建的凉亭设计方案的模型数据
CBD	三维场景	包含公园及周边建筑在内的三维场景，存储于工作空间文件 CBD. smwu 中，场景中包含的空间数据存储于数据源文件 CBD. udb 中

2. 实验思路

针对本实验中"基于 3ds Max 模型的公园凉亭设计方案展示"的应用需求，具体实现思路如下：

（1）凉亭设计模型导出，利用超图的 Max 插件，将 3ds Max 模型导出为 GIS 平台中的模型数据集，并使用 GIS 软件的坐标系设置功能，将模型数据集的坐标系设置为 WGS1984。

（2）凉亭朝向检查与纠正，将设计模型加载到 CBD 三维场景中，通过目测检查朝向，并通过 GIS 软件的模型编辑功能，将不符合朝向要求的设计模型进行旋转。

实验流程如图 3-38 所示。

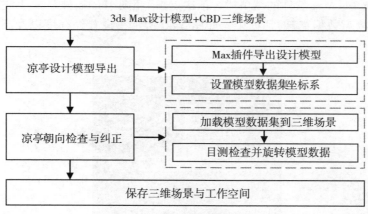

图 3-38　实验流程图

3.5.5　实验过程

1. 凉亭设计模型导出

1）Max 插件导出设计模型

将凉亭设计模型导出到 GIS 平台需提前安装 Autodesk 3ds Max 及 SuperMap 提供的 Max 导出插件，下载地址为：（注意下载的 Max 插件版本号与 3ds Max 软件的版本号保持一致）http://support.supermap.com.cn/DownloadCenter/DownloadPage.aspx? tt＝ProductAAS&id＝134。其安装步骤可参考插件配套的说明文档，本实验不再赘述。

使用 Autodesk 3ds Max 软件打开凉亭设计模型数据 pavilion. max，凉亭设计方案如图 3-39 所示。

图 3-39　凉亭设计方案

在 Autodesk 3ds Max 软件的菜单栏，依次点击"超图 Max 插件"→"生成模型数据集"，在弹出的"生成模型数据集"对话框中，如图 3-40 所示，设置经纬度以及高度值，数据源

图 3-40　导出参数设置

文件路径选择 CBD.udb 文件路径，点击"新建数据集"按钮，在弹出的"新建数据集名称"对话框中，设置新建数据集名称为"pavilion"，点击"确定"按钮，返回"生成模型数据集"对话框，其他参数采用默认值，点击"确定"按钮，获得凉亭设计方案的模型数据集 pavilion。

2) 设置模型数据集坐标系

在 SuperMap iDesktop 软件的功能区，依次点击"开始"→"工作空间"→"文件"→"打开文件型工作空间"，在弹出的"打开工作空间"对话框中，选择 CBD.smwu 工作空间，点击"打开"按钮，如图 3-41 所示。

图 3-41　打开工作空间

在工作空间管理器中，鼠标右键点击"pavilion"数据集，在右键菜单中选择"属性"。在弹出的"属性"面板中，选择"坐标系"选项卡，点击 按钮，选择"更多..."按钮，在弹出的"坐标系设置"对话框中，如图 3-42 所示，选择"GCS_WGS 1984"坐标系，点击"应用"按钮。

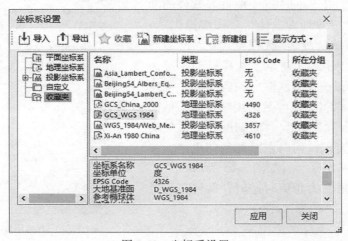

图 3-42　坐标系设置

2. 凉亭朝向检查与纠正

1）加载模型数据集到三维场景

在 SuperMap iDesktop 软件的工作空间管理器中，鼠标左键双击"CBD"场景节点，打开三维场景窗口；鼠标右键单击"pavilion"数据集节点，在右键菜单中选择"添加到当前场景"；在图层管理器中，鼠标右键单击"pavilion@ CBD"图层，在右键菜单中选择"快速定位到本图层"，凉亭设计方案如图 3-43 所示。

图 3-43　凉亭设计方案

2）目测检查并旋转模型数据

通过目测检查可知，pavilion 数据集中凉亭的两个入口分别朝北和朝南，不符合朝向要求，需要进行旋转处理。在 SuperMap iDesktop 软件的功能区，依次点击"三维地理设计"→"模型操作"→"模型编辑"→"模型旋转"，在弹出的"模型旋转"对话框中，如图 3-44 所示，选择模型图层为"pavilion@ CBD"，选择单选框"所有对象"，设置旋转角度为"−128"，其他参数采用默认值，依次点击"应用"和"保存"按钮，将 pavilion 数据集中的凉亭模型旋转为入口朝向东西两侧的道路，并与西侧道路走向基本平行，如图 3-45 所示。

说明：旋转角度为正值时逆时针旋转，为负值时顺时针旋转。

图 3-44　模型旋转参数设置

图 3-45　设计模型方案

3. 成果保存

在三维场景窗口中，鼠标右键选择"场景另存为…"，如图 3-46 所示，在弹出的"场景另存为"对话框中，设置场景名称为"designScheme"，点击"确定"按钮。

图 3-46　保存三维场景

在 SuperMap iDesktop 软件的功能区，依次点击"开始"→"工作空间"→"保存"，保存工作空间文件 CBD. smwu。

4. 实验结果

本实验数据最终成果为 CBD. smwu 和 CBD. udb，具体内容如表 3-9 所示。

表 3-9　　　　　　　　　　　　　　　成 果 数 据

数据名称	类型	描　　　述
pavilion	模型数据集	Autodesk 3ds Max 软件构建的凉亭设计方案的模型数据
designScheme	三维场景	包含凉亭设计方案、公园及周边建筑在内的三维场景，存储于工作空间文件 CBD. smwu 中，场景中包含的空间数据存储于数据源文件 CBD. udb 中

综上，本实验将 Autodesk 3ds Max 软件构建的凉亭设计模型，通过超图 Max 插件导出到 GIS 软件的文件型数据源中存储，并基于 GIS 软件的模型编辑功能，修改了不符合要求的凉亭朝向，实现凉亭设计方案在三维场景中的展示。

3.6　练习四　点云数据在 GIS 中的集成与管理

3.6.1　实验要求

本实验以"某片区输电塔三维点云显示与管理"为应用场景，基于该片区的输电塔点云数据，通过 GIS 软件的三维可视化和分类管理能力，将点云数据加载到三维场景中立体显示，使用户可以分别控制不同类别地物的显隐，并为各类地物配置不同颜色，如表 3-10 所示。

表 3-10　　　　　　　　　　　　　　　　颜色显示要求

地物名称	颜　色
塔	浅灰色（R：216，G：216，B：216）
导线	深灰色（R：127，G：127，B：127）
植被	绿色（R：112，G：168，B：0）
地面	棕色（R：170，G：110，B：0）

3.6.2　实验目的

（1）掌握将点云数据集成到 GIS 平台的方法；
（2）掌握基于点云数据实现地物分类显示的应用。

3.6.3　实验环境

SuperMap iDesktop 10.2.1 及以上版本。

3.6.4　实验数据与思路

1. 实验数据

本实验数据采用 pointCloud.las 和 Coordinate System.xml 文件，具体使用的数据明细如表 3-11 所示。

表 3-11　　　　　　　　　　　　　　　　数　据　明　细

数据名称	类型	描　述
pointCloud.las	点云文件	包含地面、植被、输电线和塔数据，它们的类别码依次为 2，5，17，18
Coordinate System.xml	投影信息文件	包含点云数据的坐标系信息

2. 实验思路

针对本实验中"某片区输电塔三维点云显示与管理"的应用需求，具体实现思路如下：

（1）数据加载，基于点云文件，通过 GIS 软件的"生成缓存"功能，根据塔、导线、植被和地面的类别码，分别将点云数据生成 4 份缓存数据，并通过"添加三维切片缓存"的功能将缓存结果加载到三维场景中。

（2）图层颜色配置，利用 GIS 软件的"分层设色"功能，分别为不同地物的缓存图层设置颜色。

（3）图层显隐控制，通过 GIS 软件的图层控制能力，即可在三维场景中分别控制不同类别地物的显隐。

实验流程如图 3-47 所示。

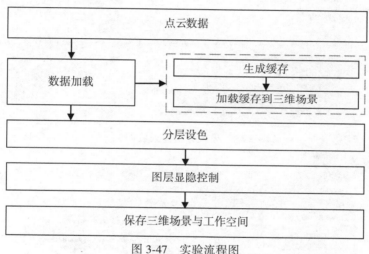

图 3-47　实验流程图

3.6.5　实验过程

1. 数据加载

1）生成缓存

首先，在 SuperMap iDesktop 软件的功能区，依次点击"三维数据"→"点云"→"生成缓存"，在弹出的"配置文件设置"对话框中，首先点击"设置…"按钮，如图 3-48 所示，在弹出的"导入分组点云数据"对话框中，点击左侧的➕按钮，添加 1 个分组，点击右侧的➕按钮，为该分组添加点云数据文件，选择实验数据所在目录。

然后，在"配置文件设置"对话框中，选择导入投影文件为实验提供的 Coordinate System.xml 文件，即可将该文件的坐标系信息应用到配置文件中，如图 3-49 所示。点击"下一步"按钮，在弹出的"点云生成缓存"对话框中，如图 3-50 所示，设置缓存路径，缓存名称为"pointCloud_tower"，S3M 版本为"S3M 2.0"，特征值为"类别"，生成类别为"18"，其他参数采用默认值，点击"确定"按钮，获得点云缓存，如图 3-51 所示。

图 3-48　导入分组点云数据 LAS

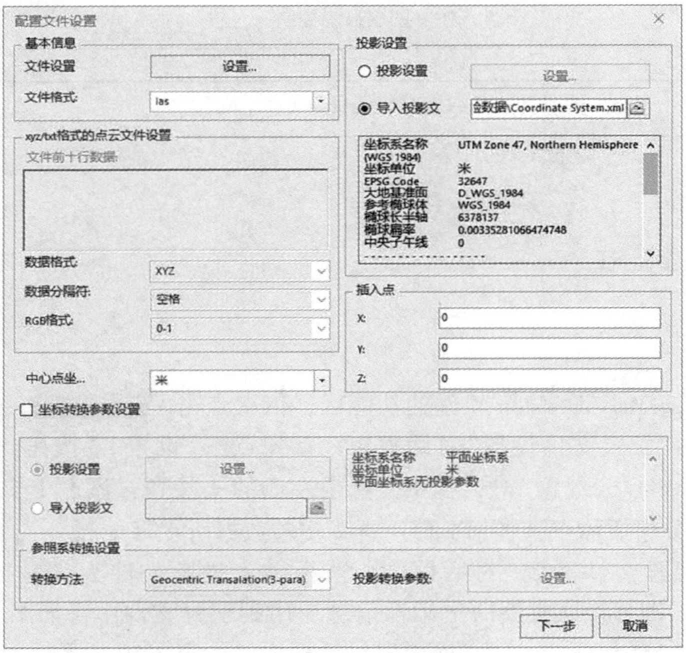

图 3-49　导入投影文件

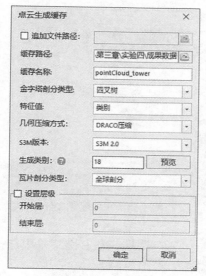

图 3-50　点云生成缓存

图 3-51　点云缓存结果

重复以上步骤，依次设置生成类别为 2，5，17，分别设置缓存名称为"pointCloud_ground""pointCloud_tree""pointCloud_powerLine"，最终获得不同地物对应的点云缓存文件夹，如图 3-52 所示，其中缓存文件夹名称、配置文件名称与设置的缓存名称同名。

　　pointCloud_ground
　　pointCloud_powerLine
　　pointCloud_tower
　　pointCloud_tree

图 3-52　点云缓存文件夹

2）添加缓存

在 SuperMap iDesktop 工作空间管理器中，鼠标右键选中"场景"节点，在右键菜单中选择"新建球面场景"；在图层管理器中，鼠标右键选中"普通图层"节点，在右键菜单中选择"添加三维切片缓存..."，在弹出的"打开三维缓存文件"对话框中，选择"pointCloud_tower. scp"，如图 3-53 所示。

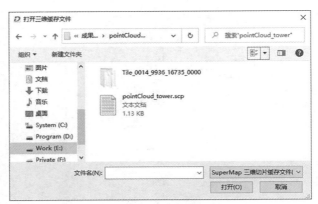

图 3-53　添加配置文件

鼠标右键选中"pointCloud_tower"图层，在右键菜单中选择"快速定位到本图层"，即可定位到三维场景中的点云数据，如图 3-54 所示。

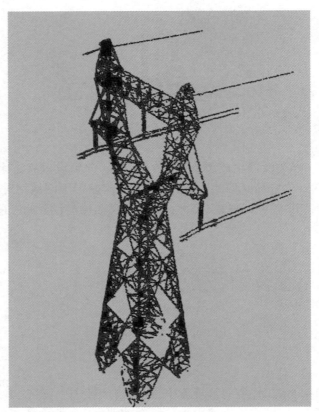

图 3-54　塔

重复以上步骤，依次添加"pointCloud_ground. scp""pointCloud_tree. scp""pointCloud_powerLine. scp"，加载效果如图 3-55 所示。

图 3-55　点云数据加载效果

2. 图层颜色配置

在图层管理器中，单击鼠标右键选中"pointCloud_tower"图层，在右键菜单中选择"图层属性"，在弹出的图层属性面板中(见图 3-56)，选择"分层设色及淹没分析"选项卡，设置显示模式为"面填充"，点击"设置颜色表…"按钮，在弹出的"颜色表"对话框中(见图 3-57)，设置颜色值为浅灰色(R:216,G:216,B:216)，点击"确定"按钮。

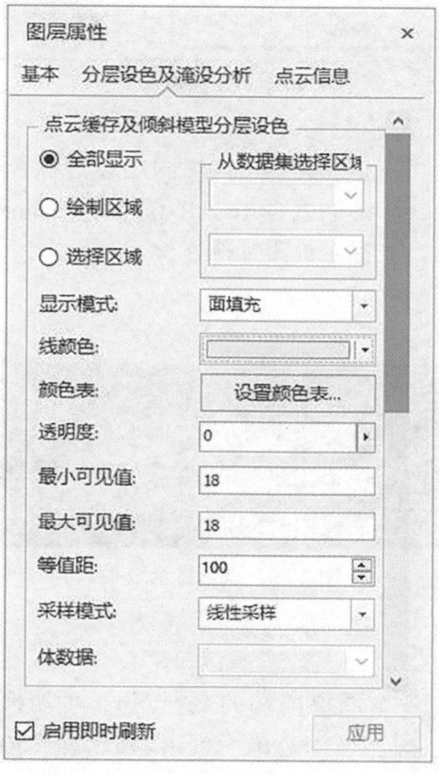

图 3-56　图层属性

111

图 3-57　颜色表

重复以上步骤，分别为"pointCloud_ground"图层设置棕色（R:170,G:110,B:0），为"pointCloud_tree"图层设置绿色（R:112,G:168,B:0），为"pointCloud_powerLine"图层设置深灰色（R:127,G:127,B:127），显示效果如图 3-58 所示。

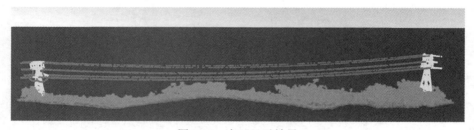

图 3-58　点云显示效果

3. 图层显隐控制

在图层管理器中，单击各个图层前端的 ⊙ 按钮，可切换该图层的显示/隐藏状态，便于观察相互压盖的地物，例如本实验中，点击 ⊙ 按钮，隐藏"pointCloud_tree"图层，便于观察被压盖的"pointCloud_ground"图层，如图 3-59 所示。

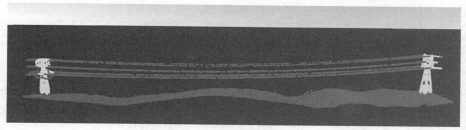

图 3-59　点云显示效果

4. 成果保存

开启所有图层的显示状态，在三维场景窗口中，鼠标右键选择"场景另存为…"，如图3-60所示，在弹出的"场景另存为"对话框中，设置场景名称为"pointCloud"，点击"确定"按钮。

图 3-60　保存三维场景

在 SuperMap iDesktop 工作空间管理器中，右键选中"未命名工作空间"节点，在右键菜单中选择"保存工作空间"，在弹出的"保存工作空间为"对话框中，设置工作空间文件的名称为"pointCloud"以及保存目录，其他参数采用默认值，点击"保存"按钮，如图 3-61 所示。

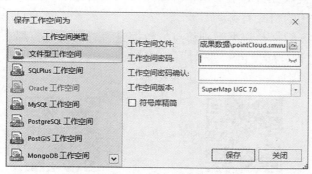

图 3-61　保存三维场景

5. 实验结果

本实验数据最终成果为 buildingQuery. smwu、pointCloud_ground 文件夹、pointCloud_tree 文件夹、pointCloud_powerLine 文件夹和 pointCloud_tower 文件夹，具体内容如表 3-12 所示。

表 3-12   成 果 数 据

数据名称	类型	描　　述
pointCloud_ground	文件夹	地面缓存成果数据
pointCloud_tree	文件夹	植被缓存成果数据
pointCloud_powerLine	文件夹	导线缓存成果数据
pointCloud_tower	文件夹	塔缓存成果数据
pointCloud	三维场景	不同地物类别的点云缓存数据分别显示不同颜色的三维场景，存储于工作空间文件 pointCloud.smwu 中

综上，本实验基于某片区输电塔的点云数据，通过 GIS 软件的生成缓存和分层设色等功能，将不同类别地物的点云数据以不同颜色进行三维显示。

问题思考与练习

（1）练习一中不考虑 BIM 建筑模型的真实地理位置，若后期提供对应区域的影像数据作为三维场景的底图显示，是否可以通过 GIS 软件将 BIM 模型与影像底图的位置精确匹配？如果可以，需要使用 GIS 软件的什么功能实现？

（2）练习一中是通过修改材质颜色的方式改变了建筑模型的显示颜色，当模型对象有贴图时，GIS 软件能否修改材质颜色？如果可以，如何操作？

（3）倾斜摄影三维模型单体化技术包含哪些单体化方式？

（4）练习二中查询的建筑属性来源于住宅楼矢量面数据，若更新了建筑属性字段值，是否需要重新进行倾斜入库操作？

（5）3ds Max 模型导入到 GIS 平台后，能否为其新建字段以管理更多属性信息？

（6）练习三中可视域分析的结果是否可以保存？如果可以，如何实现？

（7）点云数据常用的格式有哪些？

（8）练习四中点云数据是根据类别将点云数据进行分层设色，那么能否根据点云数据的高度信息对图层进行分层设色？具体如何实现？

第 3 章实验操作视频　　　　　　　　　第 3 章实验数据

第 4 章　地形数据构建与管理

4.1　学习目标

通过学习数字地形模型的构建与管理方法，结合实验理解并掌握规则格网 DEM 和不规则三角网 TIN 地形的构建与管理方法及操作流程。引导学生应用矛盾对立统一的辩证思想方法，分析规则格网与不规则三角网构建数字地形的差异性、相似性与可转换性，帮助学生养成善于使用辩证的哲学分析问题的思维方法，巩固理论所学的内容。

4.2　数字地形模型概述

数字地形模型（Digital Terrain Model）简称 DTM，是地形表面形态属性信息的数字表达，是带有空间位置特征和地形属性特征的数字描述。主要用于描述地面起伏状况，可以用于提取各种地形参数，如坡度、坡向、粗糙度等，并进行通视分析、流域结构生成等应用分析。

数字地形模型中地形属性为高程时称为数字高程模型（Digital Elevation Model），简称 DEM。数字高程模型有四种常见的表示模型，分别是规则格网模型、等高线模型、不规则三角网模型（TIN）以及层次地形模型，表 4-1 概括了四种模型的含义及各自的优点。

表 4-1　　　　　　　　　　　数字高程模型四种表示模型对比

表示模型	含义/特点	优　点
规则格网模型	规则网格将区域空间切分为规则的格网单元，每个格网单元对应一个数值	很容易计算等高线、坡度坡向、山坡阴影和自动提取流域地形，使它成为 DEM 最广泛使用的格式
等高线模型	把地面上海拔高度相同的点连成闭合曲线，垂直投影到一个水平面上，并按比例缩绘在图纸上，就得到等高线。等高线也可以看作是不同海拔高度的水平面与实际地面的交线，所以等高线是闭合曲线	等高线法的优点在于它能正确地表示各点的海拔高度和相邻两点的坡度，也能反映出流水侵蚀作用的方向和地貌的特征
不规则三角网模型	不规则三角网（Triangulated Irregular Network）模型，简称 TIN，是采用一系列相连接的三角形拟合地表或其他不规则表面，常用来构造数字高程模型。TIN 最常用的生成方法是 Delaunay 剖分方法	既减少规则格网方法带来的数据冗余，同时在计算效率方面又优于纯粹基于等高线的方法

表示模型	含义/特点	优　　点
层次地形模型	层次地形模型（LOD）是一种表达多种不同精度水平的数字高程模型。大多数层次模型是基于不规则三角网模型的	层次地形模型允许根据不同的任务要求选择不同精度的地形模型

构建 DEM 前，首先必须进行 DEM 数据采集，测量一些点的三维坐标，这些具有三维坐标的点称为参考点。数据采集是 DEM 的关键问题，数据的采集密度和采点选择决定DEM 的精度。数据采集按采集的方式可分为：选点采集、随机采集、沿等高线采集、沿断面采集等；按数据的来源可分为：地形图数字化采集、航空相片采集、地面测量采集等。

数据采集后，在 GIS 软件中可通过三种方式实现地形构建：第一种方式通过点数据（高程点）生成 DEM，实现思路与插值算法相似；第二种方式通过线数据（等高线）生成DEM，可以强化一些地形特征，如山脊线、山谷线等；第三种方式通过点数据（高程点）和线数据（等高线）联合构建。由于加入了特征点高程信息，如山顶、洼地、山脊点、山谷点等，第三种方式生成的 DEM 更具有立体感。GIS 软件提供的地形构建功能通过点或者线数据插值生成 DEM 数据，其中插值类型分为距离反比权重插值法、不规则三角网和克里金插值法三种。表 4-2 总结了三种插值方法的含义和优点与适用性。

表 4-2　　　　　　　　　　　　　三种插值方法对比

插值方法	含　　义	优点/适用性
距离反比权重插值法（IDW）	通过计算附近区域离散点群的平均值来估算单元格的值	简单有效，运算速度较快
不规则三角网	需要先将给定的线数据集生成一个 TIN 模型，然后根据给定的极值点信息以及信息生成地形	TIN 模型能够较好地反映地形特征，但是数据结果复杂，适用于小区域地形的计算
克里金插值法	普通克里金插值方法思路一样	数据结构简单，非常适用于大区域宏观地形的构建

4.3　练习一　规则格网 DEM 地形数据构建与管理

4.3.1　实验要求

本实验以"规则格网 DEM 地形数据构建与管理"为应用场景，基于地形图的扫描图，通过 GIS 软件构建研究区域看牛山（如图 4-1 所示）的地形数据，同时观察规则格网 DEM地形数据结构，并将地形数据进行三维显示。

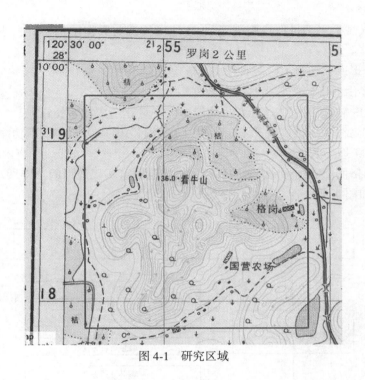

图 4-1 研究区域

4.3.2 实验目的

(1)了解规则格网 DEM 地形的数据结构;

(2)掌握规则格网 DEM 地形立体显示的原理和方法;

(3)掌握规则格网 DEM 地形数据的构建方法,养成客观、严谨、细致的专业操作习惯,提升学生发现、质疑、探索和创新的能力。

4.3.3 实验环境

SuperMap iDesktop 10.2.1 及以上版本。

4.3.4 实验数据与思路

1. 实验数据

本实验数据采用 Terrain.udbx,具体使用的数据明细如表 4-3 所示。

表 4-3 数 据 明 细

数据名称	类型	描 述
terrainMap	影像数据集	研究区域地形图,比例尺为 1:2.5 万,采用 1954 年北京坐标系及 6 度带高斯投影(EPSG Code:21421),等高距为 5m

2. 实验思路

基于研究区域地形图进行规则格网 DEM 地形构建与数据结构研究，主要包括以下四个步骤：

（1）基于地形图，通过 GIS 软件中的"新建数据集""矢量化线""新建字段"和属性编辑功能获取看牛山的等高线和山顶高程数据。

（2）通过 GIS 软件中的"拓扑检查"功能减少矢量化造成的拓扑错误。

（3）基于等高线和山顶高程数据，使用 GIS 软件中的"DEM 构建"功能，获得看牛山的规则格网 DEM 地形数据。

（4）将规则格网 DEM 地形数据加载到三维场景中，实现地形的三维展示。

实验流程如图 4-2 所示。

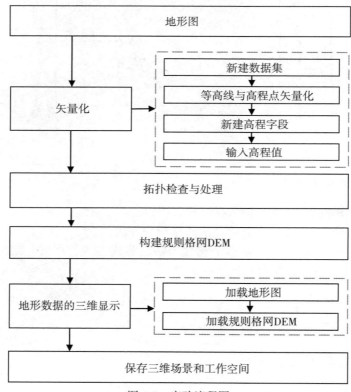

图 4-2　实验流程图

4.3.5　实验过程

1. 矢量化

1）打开数据源

在 SuperMap iDesktop 软件的功能区，依次点击"开始"→"数据源"→"文件"→"打开文件型数据源"，在弹出的"打开数据源"对话框中，选择 Terrain.udbx 数据源，点击"打开"按钮，如图 4-3 所示。

图 4-3　打开数据源

2）新建数据集

在 SuperMap iDesktop 软件的工作空间管理器中，右键单击"Terrain"数据源，在右键菜单中选择"新建数据集..."，在弹出的"新建数据集"对话框中，依次选择数据集列表中的 2 条数据集记录，如图 4-4 所示，分别设置数据集的创建类型为"点"和"线"，数据集名称分别命名为"elevationPoint"和"contourLine"；在"设置坐标系"的下拉菜单中选择"更多..."，在弹出的坐标系设置对话框中，如图 4-5 所示，搜索栏里输入"21421"，选择坐标系列表中的搜索结果"GK Zone 21（Beijing 1954）"，点击"应用"按钮，返回"新建数据集"对话框，点击"创建"按钮。

图 4-4　新建数据集

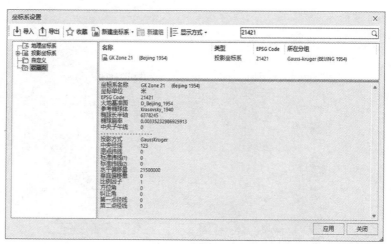

图 4-5　设置坐标系

3）等高线与高程点矢量化

在 SuperMap iDesktop 软件的工作空间管理器中，按住 Ctrl 键，鼠标左键依次单击"contourLine"和"terrainMap"数据集，在右键菜单中选择"添加到新地图"；在软件功能区，依次点击"对象操作"→"栅格矢量化"→"设置"，如图 4-6 所示，在弹出的"栅格矢量化"对话框中，点击背景色的下拉菜单，点击 ✎ 按钮，在地图窗口中单击拾取背景色，并设置颜色容限为 32，如图 4-7 所示，点击"确定"按钮。

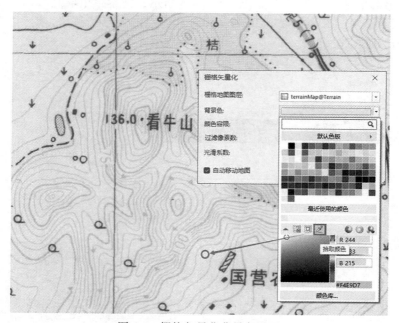

图 4-6　栅格矢量化背景色设置

图 4-7　栅格矢量化颜色容限设置

在图层管理器中，单击"contourLine@ Terrain"图层前端的 ✎ 按钮，设置该图层为可编辑状态；在软件功能区，依次点击"对象操作"→"对象绘制"→"绘制设置"，在"绘制设置"的下拉菜单中，依次点击"自动连接线［Shift+J］"、"自动闭合线［Shift+C］"和"自动打断线［Shift+K］"，如图 4-8 所示。

图 4-8　绘制设置

在软件功能区，依次点击"对象操作"→"栅格矢量化"→"矢量化线"，在地图窗口中根据地形图中看牛山的等高线进行屏幕矢量化，将鼠标移至地图窗口需要矢量化的区域，单击鼠标左键开始矢量化，遇到线段端点，单击鼠标右键进行反向追踪，再次单击鼠标右键结束当前的矢量化操作。重复以上步骤，依次矢量化获得看牛山的等高线对象，如图 4-9 所示。注意，在矢量化过程中，通过 Alt+Z 快捷键，可以回退到矢量化线的上一步操作；单击鼠标右键结束当前的矢量化线操作时，将自动闭合本次矢量化的线对象。

图 4-9　看牛山等高线

在 SuperMap iDesktop 软件的工作空间管理器中，鼠标右键单击"elevationPoint"数据集，在右键菜单中选择"添加到当前地图"；在图层管理器中，单击"elevationPoint @ Terrain"图层前端的 ✐ 按钮，设置该图层为可编辑状态；在软件功能区，依次点击"对象操作"→"对象绘制"→"点"，在地图窗口中根据地形图中看牛山的高程点，单击鼠标左键进行屏幕矢量化获得高程点对象，如图 4-10 所示。

图 4-10　看牛山高程点

4）新建高程字段

在工作空间管理器中，鼠标右键单击"contourLine"数据集，在右键菜单中选择"属性"，如图 4-11 所示，在弹出的"属性"面板中，选择属性表选项卡，点击 ✚ 按钮，设置名称为"zValue"，类型为"32 位整型"，点击 ✔ 应用 按钮，确认新建该字段。

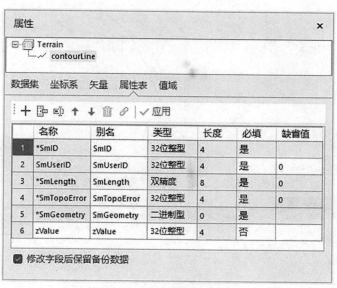

图 4-11　等高线新建字段

重复以上操作为 elevationPoint 数据集新建字段，设置名称为"zValue"，类型为"单精度"，如图 4-12 所示。

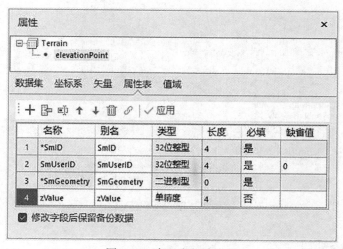

图 4-12　高程点新建字段

5）输入高程值

在图层管理器中，鼠标右键单击"contourLine@ Terrain"图层，在右键菜单中选择"关联浏览属性数据"，已知等高距为 5 米，即可根据地形图上标注的高程值，为等高线的高程字段 zValue 输入高程值，如图 4-13 所示。

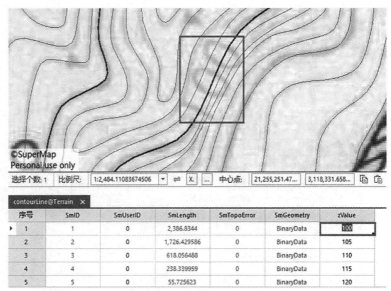

图 4-13　输入高程值(1)

重复以上操作为"elevationPoint@ Terrain"图层关联浏览属性表，并输入高程值，如图 4-14 所示。

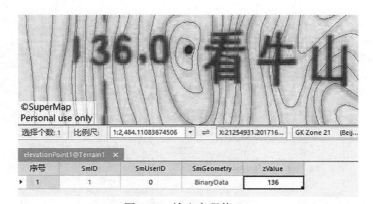

图 4-14　输入高程值(2)

2. 拓扑检查与处理

在 SuperMap iDesktop 软件的功能区，依次点击"数据"→"拓扑"→"拓扑检查"，如图 4-15 所示，在弹出的"数据集拓扑检查"对话框中，点击 按钮，添加 contourLine 数据集，设置拓扑规则为"线内无重叠"，勾选"拓扑预处理"和"修复拓扑错误"，其他参数采用默认值，点击"确定"按钮，获得拓扑错误检查结果 TopoCheckResult 数据集，如图 4-16 所示，该数据集记录数为 0，表示 contourLine 数据集不存在线内重叠的拓扑错误。

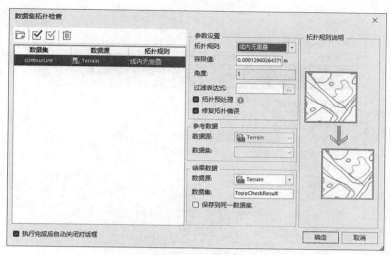

图 4-15　拓扑检查

图 4-16　拓扑检查结果

重复以上操作，根据矢量化操作过程中的实际情况以及数据的质量要求，选择不同的拓扑规则，例如"线内无相交""线内无悬线""线内无打折"等，依次对矢量化结果进行拓扑检查与处理。注意，"拓扑预处理"和"修复拓扑错误"是在选定的数据集上直接进行处理，不会生成新的结果数据集，建议在拓扑检查前进行数据的备份工作。

3. 构建规则格网 DEM

在 SuperMap iDesktop 软件的功能区，依次点击"空间分析"→"栅格分析"→"DEM 构建"，如图 4-17 所示，在弹出的"DEM 构建"对话框中，点击 按钮，在弹出的"选择"对话框中，选择 elevationPoint 和 contourLine 数据集，设置插值类型为"不规则三角网"，其他参数采用默认值，点击"确定"按钮，获得看牛山的规则格网地形数据"DatasetDEM"；双击打开 DatasetDEM 数据集，通过鼠标滚轮放大地图，可观察到 DatasetDEM 由一系列规则格网组成，如图 4-18 所示。

4. 地形数据的三维显示

1）加载地形图

在工作空间管理器中，鼠标右键单击"terrainMap"数据集，在右键菜单中选择"添加到新球面场景"；在图层管理器中，右键单击"terrainMap@ Terrain"图层，在右键菜单中选择"快速定位到本图层"；使用鼠标中键切换相机视角，即可查看研究区域地形图，如图4-19所示。

图 4-17　DEM 构建

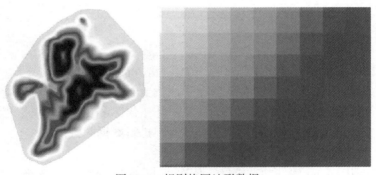

图 4-18　规则格网地形数据

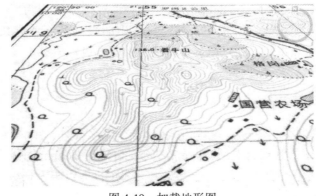

图 4-19　加载地形图

2）加载规则格网 DEM

在工作空间管理器中，鼠标右键单击"DatasetDEM"数据集，在右键菜单中选择"添加到当前场景"，如图 4-20 所示，在弹出的对话框中，勾选"将数据集'DatasetDEM@Terrain'作为地形加载"，点击"确定"按钮；在 SuperMap iDesktop 软件的功能区，依次点击"场景"→"属性"→"场景属性"，如图 4-21 所示，在弹出的"场景属性"面板中，勾选"TIN 地形裙边"；使用鼠标中键切换相机视角，即可查看地形起伏情况，如图 4-22 所示。

3）成果保存

在三维场景窗口中，鼠标右键选择"保存场景"，如图 4-23 所示，在弹出的"场景另存为"对话框中，设置场景名称为"TerrainScene"，再点击"确定"按钮。

图 4-20　加载 DEM 弹出的对话框

图 4-21　场景属性面板设置

图 4-22　查看地形起伏

图 4-23　保存三维场景

　　在工作空间管理器中，鼠标右键单击"未命名工作空间"节点，选择"保存工作空间"，在弹出的"保存工作空间为"对话框中，选择工作空间文件的保存目录，并设置工作空间名称为"Terrain"，再点击"确定"按钮，如图 4-24 所示。

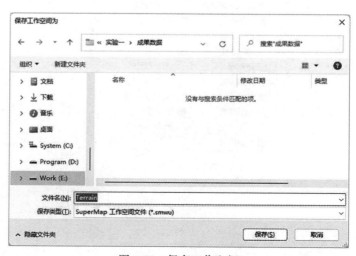

图 4-24　保存工作空间

5. 实验结果

本实验数据最终成果为 Terrain. smwu 和 Terrain. udbx，具体内容如表 4-4 所示。

表 4-4　　　　　　　　　　　　　　　**成 果 数 据**

数据名称	类型	描　　述
elevationPoint	点数据集	高程点矢量化结果，存储于数据源文件 Terrain. udbx 中
contourLine	线数据集	等高线矢量化结果，存储于数据源文件 Terrain. udbx 中
TopoCheckResult	线数据集	拓扑检查结果，存储于数据源文件 Terrain. udbx 中
DatasetDEM	栅格数据集	研究区域的规则格网地形数据，存储于数据源文件 Terrain. udbx 中
TerrainScene	三维场景	包含地形数据和地形图扫描影像，存储于工作空间文件 Terrain. smwu 中

综上，本实验经过 GIS 软件的矢量化工具、DEM 构建工具，提取看牛山的等高线和高程点数据，构建了规则格网的 DEM 地形数据，并将其添加到三维场景中立体显示。

4.4　练习二　TIN 地形数据构建与管理

4.4.1　实验要求

本实验以"TIN 地形数据构建与管理"为应用场景，基于地形图提取的等高线数据，通过 GIS 软件构建研究区域看牛山（如图 4-25 所示）的 TIN 地形数据，同时观察 TIN 地形数据结构。

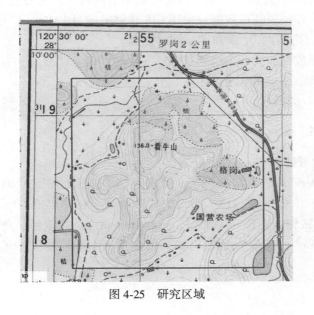

图 4-25　研究区域

4.4.2　实验目的

（1）了解 TIN 地形的数据结构；
（2）掌握 TIN 地形数据的构建方法；
（3）掌握 TIN 地形立体显示的原理和方法。

4.4.3　实验环境

SuperMap iDesktop 10.2.1 及以上版本。

4.4.4　实验数据与思路

1. 实验数据

本实验数据采用 Terrain. smwu 和 Terrain. udbx，具体使用的数据明细如表 4-5 所示。

表 4-5　　　　　　　　　　　　　　　**数 据 明 细**

数据名称	类型	描　　述
terrainMap	影像数据集	研究区域地形图，比例尺为 1：2.5 万，采用 1954 年北京坐标系及 6 度带高斯投影（EPSG Code：21421）
elevationPoint	点数据集	高程点矢量化结果，存储于数据源文件 Terrain. udbx 中
contourLine	线数据集	研究区域等高线，采用 1954 年北京坐标系及 6 度带高斯投影（EPSG Code：21421），等高距为 5 米

2. 实验思路

基于研究区域地形图进行 TIN 地形构建与数据结构研究，主要包括以下两个步骤：
（1）基于等高线和山顶高程数据，使用 GIS 软件中的"DEM 构建"和"矢量构建 TIN"功能，获得看牛山的规则格网 DEM 和 TIN 地形数据。
（2）将 TIN 地形数据加载到三维场景中，实现地形的三维展示，并查看 TIN 地形的不规则三角网，以了解 TIN 地形数据结构。
实验流程如图 4-26 所示。

4.4.5　实验过程

1. 构建 TIN 地形数据

在 SuperMap iDesktop 软件的功能区，依次点击"三维数据"→"TIN 地形"→"TIN 工具"→"TIN 处理"→"矢量构建 TIN"，如图 4-27 所示，在弹出的"矢量构建 TIN"对话框中，点击 添加数据集 按钮，选择 elevationPoint 和 contourLine 数据集，选择缓存路径，设置高程特征值为"zValue"，其他参数采用默认值，点击"确定"按钮，获得 TIN 地形数据，如图 4-28 所示。

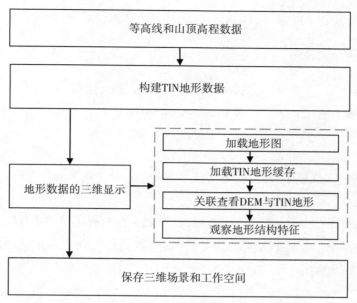

图 4-26　实验流程图

图 4-27　矢量构建 TIN

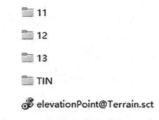

图 4-28 矢量构建 TIN 的结果数据

2. 地形数据的三维显示

1) 加载地形图

在工作空间管理器中鼠标右键单击"场景"节点，在右键菜单中选择"新建球面场景"；在工作空间管理器中，鼠标右键单击"terrainMap"数据集，在右键菜单中选择"添加到当前场景"，如图 4-29 所示。

图 4-29 加载地形图

2) 加载 TIN 地形数据

在图层管理器中，鼠标右键单击"地形图层"节点，在右键菜单中选择"添加地形缓存..."，在弹出的"打开三维缓存文件"对话框中，选择"elevationPoint@ Terrain. sct"文件，点击"打开"按钮，如图 4-30 所示。

在图层管理器中，鼠标右键单击"elevationPoint@ Terrain"图层，在右键菜单中选择"快速定位到本图层"；使用鼠标中键切换相机视角，即可查看地形起伏，如图 4-31 所示。

3) 观察 TIN 地形结构特征

在图层管理器中，鼠标右键单击"elevationPoint@ Terrain"图层，在右键菜单中选择"属性"，如图 4-32 所示，在弹出的"TIN 地形"面板中，填充模式选择"轮廓"，即可查看三维窗口中的 TIN 地形结构为一片连续的不规则三角网，如图 4-33 所示。

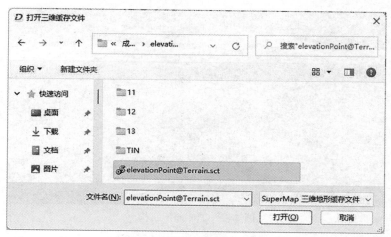

图 4-30　打开三维缓存文件

图 4-31　查看地形起伏

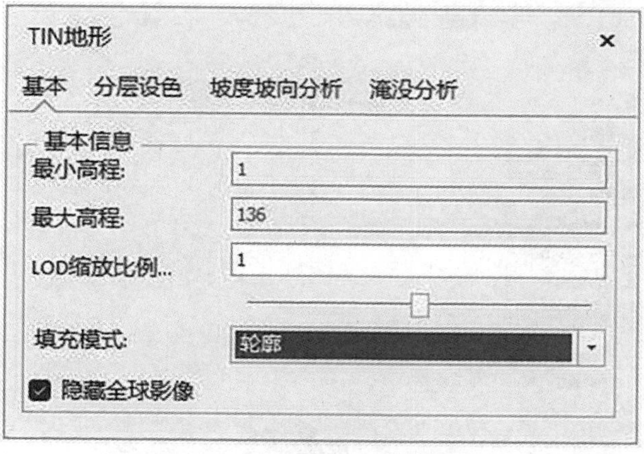

TIN地形　　　　　　　　　　　　　　　　　　　　×

基本　分层设色　坡度坡向分析　淹没分析

基本信息

最小高程:　　　　1

最大高程:　　　　136

LOD缩放比例…　　1

填充模式:　　　　轮廓

☑ 隐藏全球影像

图 4-32　TIN 地形图层属性设置

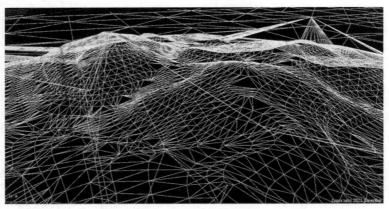

图 4-33　TIN 地形结构

4）成果保存

在三维场景窗口中，鼠标右键选择"保存场景"，如图 4-34 所示，在弹出的"场景另存为"对话框中，设置场景名称为"TerrainScene"，点击"确定"按钮。

图 4-34　保存三维场景

在工作空间管理器中，鼠标右键单击"未命名工作空间"节点，选择"保存工作空间"，在弹出的"保存工作空间为"对话框中，选择工作空间文件的保存目录，并设置工作空间名称为"Terrain"，点击"保存"按钮，如图 4-35 所示。

图 4-35　保存工作空间

3. 实验结果

本实验数据最终成果为 Terrain. smwu、Terrain. udbx 和 elevationPoint@ Terrain 文件夹，具体内容如表 4-6 所示。

表 4-6　　　　　　　　　　　　　　　　　成 果 数 据

数据名称	类型	描　　述
elevationPoint@ Terrain	文件夹	研究区域的 TIN 地形数据
TerrainScene	三维场景	包含 TIN 地形数据和地形图扫描影像，存储于工作空间文件 Terrain. smwu 中

综上，本实验经过 GIS 软件的 TIN 构建工具，构建了基于不规则三角网结构的 TIN 地形数据，并将其添加到三维场景中立体显示，观察其结构特征。

问题思考与练习

（1）练习一中采用了拓扑检查功能进行数据的质量检查与处理，若矢量化结果中存在悬线，应如何处理？

（2）请比较练习一和练习二两种地形数据的区别。

第 4 章实验操作视频

第 4 章实验数据

第 5 章　多源数据的处理与融合

5.1　学习目标

通过学习多源数据融合的方法，掌握空间坐标转换、三维配准、裁剪、镶嵌、压平、布尔运算等常用的数据融合方法，结合实验掌握数据坐标纠正、数据编辑与处理的实现思路与具体操作，通过"练习三　三维 GIS 数据融合处理"掌握地形数据与模型数据精确融合处理的实现方法。通过多源数据融合方法理论的学习与实验的练习，帮助同学们提升探究思维、发散思维的能力，引导同学们站在更高的视角去分析问题。

5.2　多源数据融合方法

随着数据采集技术的迅速发展，空间多源数据的产生为 GIS 数据的集成与应用带来了新的挑战。实现海量、不同来源、不同分辨率空间数据的高效融合，对降低 GIS 应用系统的建设成本、提高空间数据的使用效率具有重要的现实意义。倾斜摄影、激光点云等三维技术的发展降低了数据获取门槛和采集成本，提升了数据更新频率，BIM 技术的发展为三维 GIS 提供了更为精细的三维模型，让 GIS 更精细化的管理成为可能。三维数据获取方式的变革，使得大量三维数据的获取成为可能，伴随大规模的三维数据不断积累，多源数据的融合匹配就显得尤为重要。

目前三维 GIS 空间数据的种类越来越多，常用的有倾斜摄影模型数据、BIM 模型数据、激光点云数据，等等。这些数据（地形、以及各类模型数据）通常采用不同的方法独立构建，表达的内容、精度不同，可以互为补充，以满足不同的三维 GIS 可视化和应用需求。

对于三维 GIS 中的空间数据来说，常用的数据融合方法包括空间坐标转换、三维配准、裁剪、镶嵌、压平、布尔运算等。

多源数据在三维场景中进行融合匹配，首先应该是坐标转换，将 BIM、倾斜摄影模型、点云等与其他 GIS 数据统一到一个坐标系。空间坐标转换是把空间数据从一种空间参考系（坐标系 A）映射到另一种空间参考系（坐标系 B）中，有时也称投影变换。SuperMap 提供各种三维数据的坐标转换，包括模型、栅格、影像、点云、倾斜摄影模型等数据（见图5-1）。

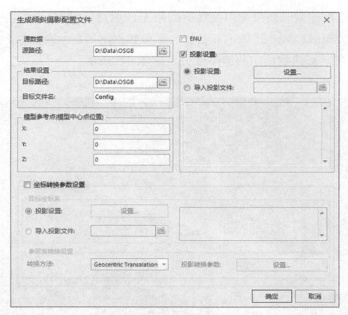

图 5-1　倾斜摄影模型的坐标转换

　　若数据坐标未知，则可利用三维数据配准来进行数据间的匹配。三维配准是通过参考数据集对配准数据集进行空间位置纠正和变换的过程。

　　统一到一个坐标系，只能解决平面的问题。由于不同的数据精度各不相同，在 Z 方向上大多数存在偏差，这时就需要对数据进行操作处理。裁剪是对模型数据指定区域进行提取的操作，可以选择、绘制或导入面作为裁剪区域，比如对倾斜摄影模型数据进行裁剪操作(见图 5-2)，以叠加显示精细模型数据。

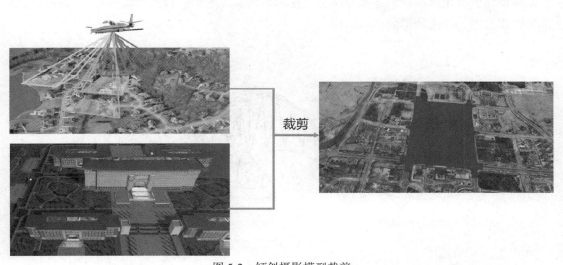

图 5-2　倾斜摄影模型裁剪

　　镶嵌是对地形数据或倾斜摄影模型数据的指定区域进行平整处理的过程，可以选择、绘制或导入面作为镶嵌区域。比如地形数据与影像数据不匹配，对地形数据进行平整处理（镶嵌），以匹配显示影像数据中的道路部分，如图 5-3 所示。

图 5-3　地形数据镶嵌以匹配道路

　　压平是将场景中指定区域内的倾斜摄影模型数据压成平面，以便加载建筑设计模型与周边的地物进行对比，辅助城市规划建设。通常适用于旧城规划改造时，对倾斜摄影模型数据中的规划区域进行压平处理，以叠加显示规划的建筑设计模型。

　　布尔运算是数字符号化的逻辑推演法，包括联合、相交、相减，如图 5-4 所示。在图形处理操作中引用这种逻辑运算方法可以使简单的基本图形组合产生新的形体，并由二维布尔运算发展到三维图形的布尔运算。

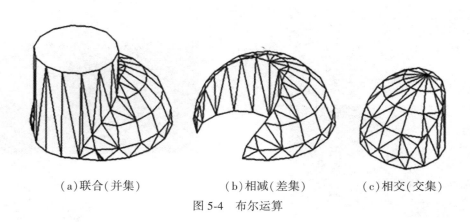

（a）联合（并集）　　　　（b）相减（差集）　　　　（c）相交（交集）

图 5-4　布尔运算

　　隧道模型数据与地形数据进行布尔运算-求差，可以实现隧道穿越地形数据的效果，如图 5-5 所示。

图 5-5　隧道模型数据与地形数据进行求差布尔运算

5.3　多源数据融合案例

5.3.1　倾斜摄影多源数据融合

倾斜摄影数据提供了现实世界建筑物的表面模型，地形数据提供了倾斜摄影数据在宏观环境中的位置信息及周边环境。通过多源信息的融合，为用户提供更加真实、准确的可视化体验，以及三维空间分析数据支撑。

大场景地形与倾斜摄影模型所在高度可能存在差异，二者叠加使用会存在遮挡现象。超图提供了两种解决办法：一种解决办法是将倾斜摄影模型生成 DSM，同时修改地形栅格值，这种方式通过倾斜摄影模型的高度修改地形高度；另一种解决办法是将地形数据生成 TIN 地形，然后对融合范围内的地形数据进行挖洞或者镶嵌操作，同时 TIN 地形镶嵌功能支持设置缓坡参数，实现数据衔接处的平滑过渡，如图 5-6 所示。

倾斜摄影数据模型支持的运算包括裁剪、挖洞、镶嵌、剔除悬浮物等，并支持实时预览，在执行运算前可先行看到数据处理后的效果。因此倾斜摄影数据可以与道路、水面融合匹配。比如在倾斜摄影模型上修路，基于设计的三维道路中心线扩展三维道路面，将三维面与倾斜摄影模型进行镶嵌操作，并设置护坡参数。镶嵌结束后，叠加道路模型，就能查看道路的最终效果。另外，依据三维面与倾斜摄影模型，还可以计算出填挖方量，为实际建设提供参考。图 5-7 显示了在倾斜摄影模型上叠加水面的效果。

图 5-6　倾斜摄影建模数据与地形融合

图 5-7　在倾斜摄影模型上叠加水面的效果

随着技术的不断发展，城市中各个角落的监控及摄像头，每天都在产生大量的实时监控视频，这些视频包含丰富的信息。在实际生活中，将视频数据与倾斜摄影数据进行融合（见图 5-8），有效利用海量的视频信息，可实现监控区域信息的实时更新。

图 5-8   倾斜摄影数据与视频数据融合

5.3.2   BIM 多源数据融合

BIM 数据与倾斜摄影数据模型通常使用不同的坐标系,在融合与匹配之前,需要首先进行坐标系转换操作。将工程坐标系下的 BIM 模型自动匹配到指定的坐标系下。同时需要将 BIM 模型所在区域的倾斜摄影模型进行镶嵌压平操作,同样也要设置护坡参数,实现数据衔接处的平滑过渡(见图 5-9)。实现倾斜摄影数据与 BIM 数据的有效结合,一方面通过倾斜摄影技术可以批量构建现实世界中建筑物的表面模型,并且可以作为底图使用;另一方面通过 BIM 数据生成建筑物内部房屋结构,实现更加精准化数据分析和建模。

BIM 模型与倾斜摄影模型数据的融合可以应用于国土行业,实现国土信息的全面采集及精细化管理;应用于室内导航,能提供可视化指引;应用于三维城市建模,极大地降低了建模的成本;应用于管线行业,有效地进行楼内和地下管线的三维建模,并可以模拟管线内在物质的流动以及当管线出现破裂时,为快速制定应急方案提供数据和技术支撑。

将 BIM 数据与地形数据进行融合,BIM 提供了微观的数据信息,地形数据提供 BIM 模型在宏观环境中的位置信息及周边环境。通过多源信息的融合,为用户提供更加真实、准确的可视化体验,以及三维空间分析数据支撑,如在图 5-10 中,将水电站的 BIM 模型与三维地形数据相融合,为水电企业提供建设、运营、管理阶段数据的支持。

BIM 数据可以与水面数据进行融合。针对水面数据,SuperMap 支持创建水面符号,支持设置水波大小、水面颜色等参数,可制作出具有实时倒影、动态波纹的水面符号,如图 5-11 所示。

图 5-9 倾斜摄影数据与 BIM 模型融合

图 5-10 BIM 数据与地形数据融合

图 5-11 BIM 数据与水面数据融合

BIM 将建筑物数据化、模型化，用来标明整个建筑内各类要素发生的位置。而物联网技术将各种建筑运营数据通过传感器收集起来，并通过互联网实时反映到本地运营中心和远程用户手上。基于 BIM 技术和物联网技术的融合实现智慧建筑，如图 5-12 所示。

图 5-12　BIM 与物联网技术的融合

BIM 是物联网应用的基础，借助 BIM 模型，物联网的应用可以深入建筑物的内部。如图 5-13 所示，通过 BIM 模型可以看到建筑物内部的门禁设备。借助物联网技术，可以获得门禁信息和人员通过情况。将两者结合，获得门禁模型的所有信息，包括位置信息、属性信息等。

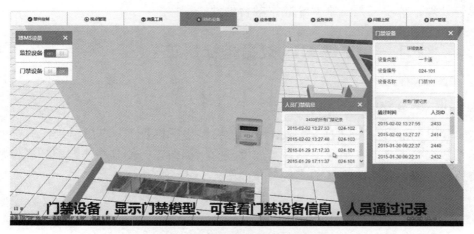

图 5-13　BIM 融合物联网数据

5.3.3 TIN 与道路数据融合

道路模型是对真实世界的道路进行精细化数字表达，而对地形数据的表达可以通过高程点数据入库、点生成 DEM 进而实现 TIN 缓存、TIN 裁剪等一系列操作。通过多源数据一系列的融合匹配手段，如投影、坐标转换、同名点匹配、镶嵌等，可以实现 TIN 与道路模型的精细化对接。TIN 与道路数据的多源信息融合（见图 5-14）可以为用户提供更加真实准确的可视化体验。

图 5-14 TIN 地形与道路模型匹配

本章安排了三个实验练习，练习一是三维 GIS 数据坐标纠正；练习二是三维 GIS 数据编辑与处理；练习三是三维 GIS 数据融合处理。

5.4 练习一 三维 GIS 数据坐标纠正

5.4.1 实验要求

本实验以"花园路小区的影像数据和建筑模型坐标匹配"为应用场景，通过 GIS 软件将模型数据接入到 GIS 平台中，并实现模型的坐标纠正，使其精确匹配到影像数据中建筑物所在位置，花园路小区的建筑分布如图 5-15 所示。

5.4.2 实验目的

（1）了解三维 GIS 中坐标系设置方法；
（2）掌握空间数据坐标纠正的方法与技巧。

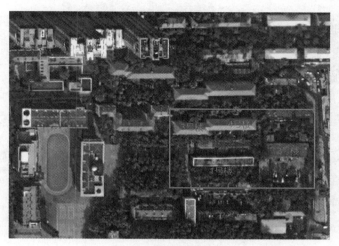

图 5-15　花园路小区

5.4.3　实验环境

SuperMap iDesktop 10.2.1 及以上版本。

5.4.4　实验数据与思路

1. 实验数据

本实验数据采用 model 文件夹与 data.udbx，具体使用的数据明细如表 5-1 所示。

表 5-1　　　　　　　　　　　　　　　　**数 据 明 细**

数据名称	类型	描　　述
model	文件夹	花园路小区建筑模型及其纹理数据
Image	栅格数据集	研究区域的影像数据，存储于 data.udbx 中

2. 实验思路

实现模型和影像数据的坐标纠正与精确匹配，主要包括以下三个步骤，如图 5-16 所示：

（1）基于模型数据，通过 GIS 软件的"导入数据集"功能，实现模型数据的接入；
（2）基于影像数据，通过 GIS 软件的"三维配准"功能，实现模型的坐标纠正；
（3）将模型数据集（坐标纠正结果）、影像数据加载到三维场景中显示。

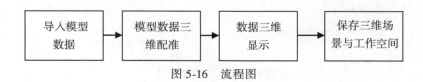

图 5-16　流程图

5.4.5 实验过程

1. 数据接入

1）打开数据源

在 SuperMap iDesktop 软件的功能区，依次点击"开始"→"数据源"→"文件"→"打开文件型数据源"。在弹出的"打开数据源"对话框中，选择 data. udbx 数据源，点击"打开"按钮。

2）导入数据集

在工作空间管理器中，打开实验数据 data. udbx，鼠标右键单击"data"数据源节点，在右键菜单中选择"导入数据集…"，在弹出的"数据导入"对话框中，点击按钮，如图 5-17 所示。

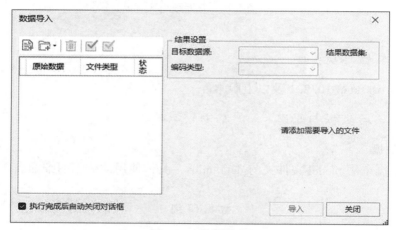

图 5-17　数据导入

如图 5-18 所示，在弹出的"打开"对话框中选择 building1. obj，点击"打开"按钮。

图 5-18　选择模型文件

返回"数据导入"对话框，点击"设置…"按钮。在弹出的"坐标系设置"对话框的搜索栏中，输入"WGS 1984"，选择名称为"WGS 1984"的搜索结果，如图 5-19 所示，点击"应用"按钮，返回"数据导入"对话框。

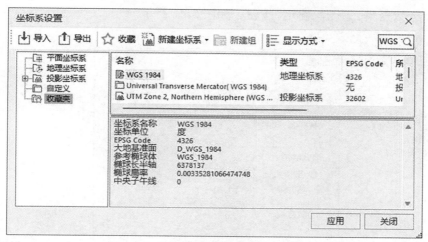

图 5-19　坐标系设置

重复以上步骤，在"数据导入"对话框中，依次点击 🖹 按钮和"设置…"按钮，分别添加 building2.obj、building3.obj 和 building4.obj，并设置坐标系为 WGS 1984，如图 5-20所示，其他参数采用默认值，点击"导入"按钮，获得 building1、building2、building3、building4 数据集。

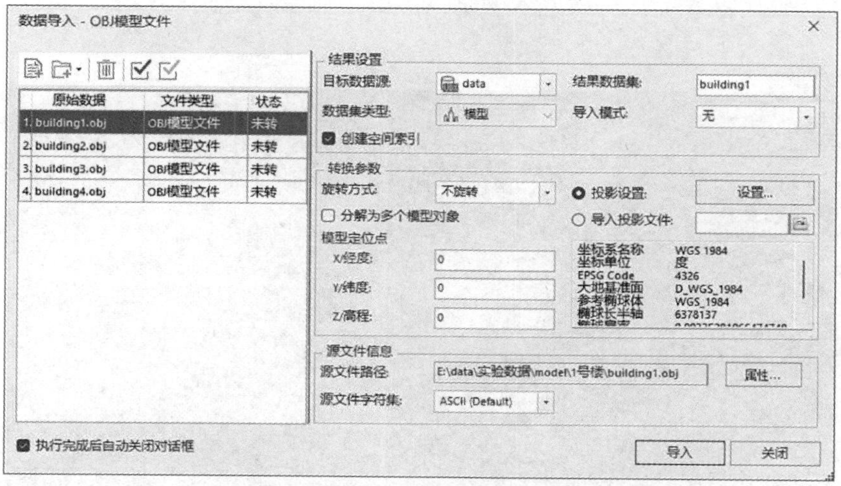

图 5-20　数据导入

说明：由于本实验模型所在的空间坐标值不明确，因此模型定位点采用默认值(0，

0，0）。

2. 数据坐标纠正

在 SuperMap iDesktop 软件的功能区，依次点击"开始"→"数据处理"→"配准"→"新建三维配准"。在弹出的"配准"对话框中，选择配准图层为 building1 数据集，参考图层为 Image 数据集，点击"确定"按钮，如图 5-21 所示。

图 5-21　配准对话框

在弹出的"配准图层"窗口中，选择建筑物外墙轮廓的 4 个墙角处进行刺点。在弹出的"参考图层"窗口中，选择影像数据中的建筑物基底的墙角处依次进行刺点，如图 5-22 所示。在刺点过程中，建议放大场景，以减小误差。

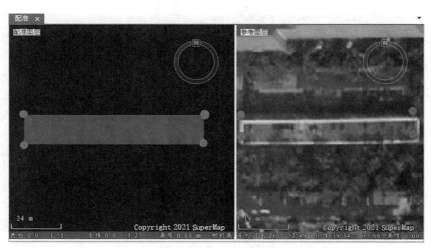

图 5-22　选择控制点

在 SuperMap iDesktop 软件的功能区，依次点击"配准"→"运算"→"配准算法"，选择配准算法为"线性配准（至少 4 个控制点）"，如图 5-23 所示。

图 5-23　配准选项卡

在 SuperMap iDesktop 软件的功能区，依次点击"配准"→"运算"→"计算误差"按钮，即可在控制点列表框中看到误差运算结果，如图 5-24 所示。

	源点X	源点Y	目标点X	目标点Y	X残差	Y残差	均方根误差
1	-0.00031957...	0.00005344130...	116.44789152552	39.9095255428816	0.00000074276...	0.00000028545...	0.00000079572...
2	0.000319668...	0.00005367998...	116.448724873395	39.9095255526773	0.00000075093...	0.00000028859...	0.00000080448...
3	0.000319612...	-0.0000537048...	116.448724825209	39.909431446369	0.00000074823...	0.00000028755...	0.00000080158...
4	-0.00032197...	-0.0000551307...	116.447891433083	39.9094315513468	0.00000074005...	0.00000028441...	0.00000079282...

图 5-24　控制点列表

说明：若某些控制点的均方根误差大于可接受的均方根误差时，可通过点击"配准"→"运算"→"编辑点"，修改该控制点，减小均方根误差，提高配准精度。本实验中，4 个控制点的最终均方根误差均小于 0.000001（约 0.1 米）。

在 SuperMap iDesktop 软件的功能区，依次点击"配准"→"运算"→"配准"按钮，在弹出的"配准结果设置"对话框中，采用默认参数，如图 5-25 所示，点击"确定"按钮，即可获得配准结果 building1_adjust 数据集。

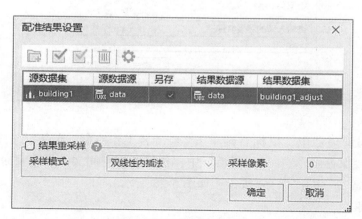

图 5-25　配准结果设置

重复以上步骤，依次为 building2、building3 和 building4 数据集进行三维配准，获得配准结果数据集 building2_adjust、building3_adjust、building4_adjust。

3. 三维场景显示

在工作空间管理器中，按住 Ctrl 键，同时选中"Image""building1_adjust""building2_adjust""building3_adjust"和"building4_adjust"数据集，点击鼠标右键，在右键菜单中选择"添加到新球面场景"，在图层管理器中，鼠标右键选中"building1_adjust@ data"图层，在右键菜单中选择"快速定位到本图层"，使用鼠标中键切换相机视角，即可查看模型与影像叠加显示的效果，如图 5-26 所示。

图 5-26　模型与影像叠加显示

在三维场景窗口中，鼠标右键选择"保存场景"，在弹出的"场景另存为"对话框中，设置场景名称为"Scene"，点击"确定"，如图 5-27 所示。

图 5-27　保存三维场景

在工作空间管理器中，鼠标右键单击"未命名工作空间"节点，选择"保存工作空间"，在弹出的"保存工作空间为"对话框中，选择工作空间文件保存目录，并设置工作空间名称为"data"，点击"保存"按钮，如图 5-28 所示。

4. 实验结果

本实验数据最终成果为 data. smwu、data. udbx，具体内容如表 5-2 所示。

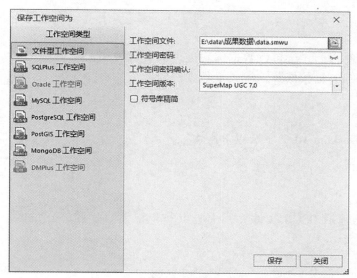

图 5-28　保存工作空间

表 5-2　　　　　　　　　　　　　　　　**成 果 数 据**

数据名称	类型	描　　　　述
building *	模型数据集	模型数据的导入结果，存储于 data. udbx 中
building * _adjust	模型数据集	模型数据的配准成果，存储于 data. udbx 中
Scene	三维场景	模型数据的配准结果和影像数据叠加显示效果，存储于工作空间文件 data. smwu 中

综上，本实验将花园路小区的建筑模型通过 GIS 软件的"导入数据集"和"三维配准"功能进行数据接入与坐标纠正，统一坐标系统为 WGS-84，并添加到球面三维场景中进行立体显示。

5.5　练习二　三维 GIS 数据编辑与处理

5.5.1　实验要求

本实验以"建筑设计方案对比"为应用场景，通过 GIS 软件的三维 GIS 数据编辑、可视化和空间分析技术，将两套建筑设计模型分别加载到三维场景中，结合倾斜摄影三维模型数据进行展示，便于决策者对比查看。要求如下：

（1）将建筑设计模型与倾斜摄影三维模型加载到同一个三维场景中，便于观察建筑设计方案与周边环境的关系是否和谐。

（2）分析对比两套建筑设计模型在 2021 年 12 月 21 日（冬至日）06：00—18：00 的采光情况。

5.5.2 实验目的

(1)掌握倾斜摄影三维模型数据编辑处理的实现方法;
(2)掌握二维矢量数据到三维矢量数据的转换方法。

5.5.3 实验环境

SuperMap iDesktop 10.2.1 及以上版本。

5.5.4 实验数据与思路

1. 实验数据

本实验数据包括 OSGB 文件夹、中心点与坐标系.txt 和 data.udbx,具体使用的数据明细如表 5-3 所示。

表 5-3 数 据 明 细

数据名称	类型	描　　述
OSGB	文件夹	存储了研究区域的倾斜摄影三维模型数据
中心点与坐标系.txt	文本文件	倾斜摄影三维模型数据对应的坐标系统和中心点坐标值,存储于 OSGB 文件夹中
buildingBoundary	二维面数据集	建筑红线区域面,高程 79.513369 米,存储于 data.udbx 中
designA	模型数据集	A 方案的建筑设计模型,存储于 data.udbx 中
designB	模型数据集	B 方案的建筑设计模型,存储于 data.udbx 中
buildingRegionA	二维面数据集	A 方案的建筑基底外轮廓面,存储于 data.udbx 中
buildingRegionB	二维面数据集	B 方案的建筑基底外轮廓面,存储于 data.udbx 中

2. 实验思路

实现某建筑用地的建筑设计方案对比,主要包括以下两个步骤:

(1)基于建筑红线范围和高程,使用 GIS 软件的"类型转换""生成配置文件"和"压平"功能,修改倾斜摄影三维模型。

(2)基于建筑设计模型和建筑基底面,通过 GIS 软件的"生成缓冲区""类型转换"和"日照分析"功能,实现建筑设计模型采光分析。

实验流程如图 5-29 所示。

5.5.5 实验过程

1. 倾斜摄影三维模型处理

1)打开数据源

在 SuperMap iDesktop 软件的功能区,依次点击"开始"→"数据源"→"文件"→"打开文件型数据源"。在弹出的"打开数据源"对话框中,选择 data.udbx 数据源,点击"打开"按钮,如图 5-30 所示。

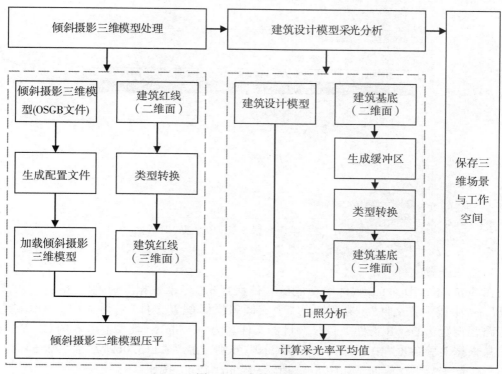

图 5-29　实验流程图

图 5-30　打开数据源

2)类型转换

在工作空间管理器中,鼠标左键单击选中 buildingBoundary 数据集,在 SuperMap iDesktop 软件的功能区,依次点击"数据"→"数据处理"→"类型转换"→"二维数据与三维数据互转"→"二维面数据->三维面数据"。在弹出的"二维面数据->三维面数据"对话框中，设置结果数据集为"buildingBoundary_3D"，选择"Z 坐标"为"Z"字段，如图 5-31 所示，点击"转换"按钮，获得建筑红线三维矢量面"buildingBoundary_3D"数据集。

图 5-31　"二维面数据->三维面数据"对话框

3）生成配置文件

在 SuperMap iDesktop 软件的功能区，依次点击"三维数据"→"倾斜摄影"→"数据管理"→"生成配置文件"。在弹出的"生成倾斜摄影配置文件"对话框中，将源路径和目标路径设置为 OSGB 文件夹目录，目标文件名为"Config"，模型参考点的 X、Y、Z 坐标信息根据实验数据"中心点与坐标系 . txt"分别设置为"113. 06277"、"22. 64785"与"0"，勾选"ENU"复选框，如图 5-32 所示，点击"确定"按钮。

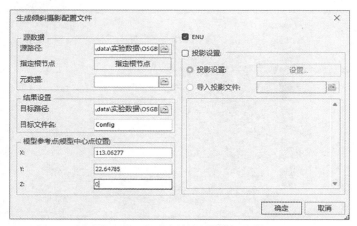

图 5-32　生成倾斜摄影配置文件

4）加载倾斜摄影三维模型

在 SuperMap iDesktop 工作空间管理器中，鼠标右键选中"场景"节点，在右键菜单中选择"新建球面场景"。

在图层管理器中，鼠标右键选中"普通图层"节点，在右键菜单中选择"添加三维切片缓存..."。在弹出的"打开三维缓存文件"对话框中，选择配置文件"Config. scp"，如图5-33所示，点击"打开"按钮。

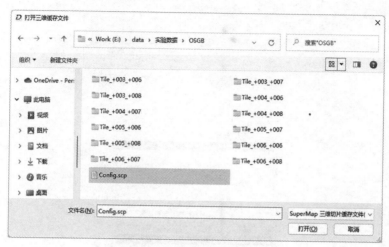

图 5-33 添加配置文件

在图层管理器中，鼠标右键选中"Config"图层，在右键菜单中选择"快速定位到本图层"，即可看到加载到三维场景中的倾斜摄影三维模型，如图 5-34 所示。

图 5-34 倾斜摄影三维模型数据

5）倾斜摄影三维模型压平

在 SuperMap iDesktop 软件的功能区，依次点击"三维数据"→"三维瓦片"→"模型压平"，在弹出的"倾斜摄影"面板中，勾选"Config"图层，点击⬇按钮，在弹出的"导入..."对话框中，设置数据集为"buildingBoundary_3D"，如图 5-35 所示，点击"导入"按钮，对象压平区域列表中可看到新增一条记录，如图 5-36 所示。

图 5-35　导入建筑红线三维矢量面

图 5-36　倾斜摄影三维模型压平

　　在三维场景窗口中通过鼠标中键切换观察视角，看到倾斜摄影三维模型压平效果，如图 5-37 所示。

图 5-37　倾斜摄影三维模型压平效果

2. 建筑设计模型采光分析

1）生成缓冲区

在 SuperMap iDesktop 软件的功能区，依次点击"空间分析"→"矢量分析"→"缓冲区"，在弹出的"生成缓冲区"对话框中，选择缓冲数据的数据源为"data"，数据集为"buildingRegionA"，设置结果数据的数据源为"data"，数据集为"buildingBufferA"，缓冲半径为"0.5"米，其他参数采用默认值，如图 5-38 所示，点击"确定"按钮，获得 A 方案的建筑基底面的缓冲区，如图 5-39 所示，该缓冲区将作为日照分析的分析范围。

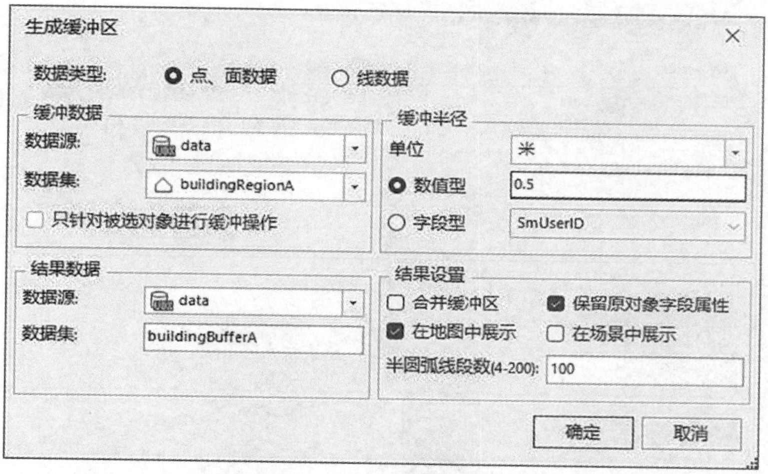

图 5-38　生成缓冲区

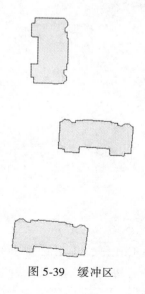

图 5-39　缓冲区

重复以上操作，选择缓冲数据的数据源为"data"，数据集为"buildingRegionB"，设置结果数据的数据源为"data"，数据集为"buildingBufferB"，缓冲半径为"0.5"米，其他参数采用默认值，如图 5-40 所示，点击"确定"按钮，获得 B 方案的建筑基底面的缓冲区，如图 5-41 所示。

图 5-40　生成缓冲区

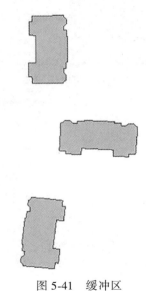

图 5-41　缓冲区

2）类型转换

在工作空间管理器中，按住 Ctrl 键，单击选中 buildingBufferA 和 buildingBufferB 数据集，在 SuperMap iDesktop 软件的功能区，依次点击"数据"→"数据处理"→"类型转换"→"二维数据与三维数据互转"→"二维面数据->三维面数据"。在弹出的"二维面数据->三维面数据"对话框中，分别设置结果数据集为"buildingBufferA_3D"和"buildingBufferB_3D"，选择"Z 坐标"为"MinZ"字段，如图 5-42 所示，点击"转换"按钮，获得建筑基底缓冲区的三维矢量面。

图 5-42　"二维面数据->三维面数据"对话框

3）日照分析

在 SuperMap iDesktop 软件的工作空间管理器中，鼠标右键单击"designA"数据集节点，在右键菜单中选择"添加到当前场景"，通过鼠标中键切换相机视角，可查看方案 A 的建筑设计模型三维显示效果，如图 5-43 所示。

图 5-43　方案 A 的建筑设计模型三维显示效果

在 SuperMap iDesktop 软件的功能区，依次点击"三维分析"→"空间分析"→"日照分析"。在弹出的"三维空间分析"面板中，点击 按钮，在弹出的"导入分析区域"对话框中，选择数据集为"buildingBufferA_3D"，名称为"ModelName"，最大高度为"Height"，其他参数采用默认值，如图 5-44 所示，点击"确定"按钮，返回"三维空间分析"面板。

图 5-44　导入分析区域

如图 5-45 所示，在"三维空间分析"面板中，分别选中"1 号楼""2 号楼"和"3 号楼"节点，设置开始时间为 2021-12-21 06：00，点击"执行分析"按钮，设置结束时间为"2021-12-21 18：00"，采样距离为"1"m，其他参数采用默认值，再次点击"执行分析"按钮，分别为建筑设计方案 A 中的 1 号楼、2 号楼、3 号楼进行日照分析。

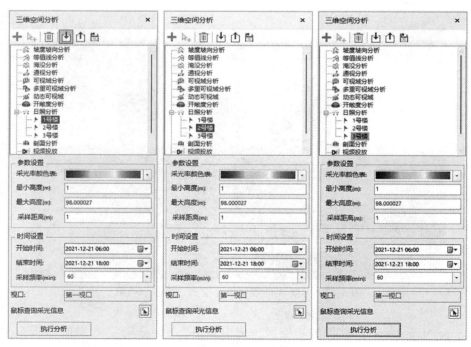

图 5-45　三维空间分析面板参数设置

通过鼠标交互操作切换视角，观察建筑设计方案 A 在 2021 年 12 月 21 日（冬至日）

06：00—18：00 的采光情况，如图 5-46 所示。注意，默认的采光率颜色表为蓝色到红色的渐变色，颜色越红，表示采光越好。

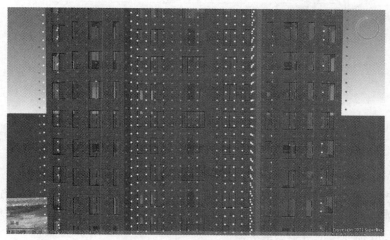

图 5-46　查看日照分析结果

在"三维空间分析"面板中，点击"鼠标查询采光信息"按钮，在三维窗口中，将鼠标移动到任意一个三维点的位置，即可查看窗体的采光率，如图 5-47 所示。

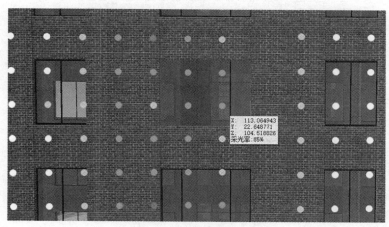

图 5-47　查询采光信息

在"三维空间分析"面板中，按住 Ctrl 键，同时选中"1 号楼""2 号楼"和"3 号楼"节点，点击按钮，在弹出的"保存分析结果"对话框中，如图 5-48 所示，分别设置数据集为"designA_1""designA_2"和"designA_3"，其他采用默认参数，点击"确定"按钮，将日照分析结果保存为三维点数据集，其中包含反映阴影率的"ShadowRadio"字段。

图 5-48　保存分析结果

4）计算采光率平均值

在 SuperMap iDesktop 软件的工作空间管理器中鼠标右键单击"designA _1"数据集，在右键菜单中选择"属性"。在弹出的"属性"面板中，选择"属性表"选项卡，点击按➕按钮新建字段，设置字段名称和别名为"daylightingRatio"，类型为"双精度"，其他参数采用默认值，如图 5-49 所示，点击✔应用按钮。

属性					×

□-📁 data
　└─👤 designA_1

数据集　坐标系

	名称	别名	类型	长度	必填	缺省值
1	*SmID	SmID	32位整型	4	是	
2	SmUserID	SmUserID	32位整型	4	是	0
3	*SmGeometry	SmGeometry	二进制型	0	是	
4	ShadowRatio	ShadowRatio	双精度	8	否	
5	daylightingRa...	daylightingRatio	双精度	8	否	

☑ 修改字段后保留备份数据

图 5-49　新建字段

在 SuperMap iDesktop 软件的工作空间管理器中鼠标右键单击"designA _1"数据集，在右键菜单中选择"浏览属性表"。在 SuperMap iDesktop 软件的功能区，依次点击"属性表"→"编辑"→"更新列"。在弹出的"更新列：designA _1@ data"对话框中，设置待更新字段为"daylightingRatio"，选择"整列更新"，数值来源为"单字段运算"，运算字段为"ShadowRatio"，运算方式为"–"，设置运算方程式为"1-ShadowRatio"，如图 5-50 所示，点击"应用"按钮，获得"daylightingRatio"字段的运算结果，如图 5-51 所示。

更新列:designA_1@data　　　　　　　　　　　　　✕

待更新字段:　daylightingRatio　　　　　　　　　▾　双精度

更新范围:　　◉ 整列更新　　　　　　○ 更新选中记录

数值来源:　　单字段运算　　　　　　　▾　　☐ 反向

运算字段:　　ShadowRatio　　　　　　　　▾　双精度

运算方式:　　-　　　　　　　▾　[　　　]

运算因子:　　[　　　　　　　　　　　　　]

运算方程式:　1-ShadowRatio　　　　　　　　　...

　　　　　　　　　　　　　　　　应用　　关闭

图 5-50　更新列

序号	SmID	SmUserID	SmGeometry	ShadowRatio	daylightingRatio
1	1	0	BinaryData	0.153846	0.84615385532379...
2	2	0	BinaryData	0.153846	0.84615385532379...
3	3	0	BinaryData	0.153846	0.84615385532379...
4	4	0	BinaryData	0.153846	0.84615385532379...
5	5	0	BinaryData	0.153846	0.84615385532379...
6	6	0	BinaryData	0.153846	0.84615385532379...
7	7	0	BinaryData	0.153846	0.84615385532379...
8	8	0	BinaryData	0.153846	0.84615385532379...
9	9	0	BinaryData	0.153846	0.84615385532379...
10	10	0	BinaryData	0.230769	0.76923078298568...
11	11	0	BinaryData	0.230769	0.76923078298568...
12	12	0	BinaryData	0.230769	0.76923078298568...

☐ 隐藏系统字段　记录数: 56154/56154　字段类型: 双精度

图 5-51　更新列

在"designA _1@ data"属性表窗口,单击选中"daylightingRatio"字段。在 SuperMap
iDesktop 软件的功能区,依次点击"属性表"→"统计分析"→"平均值",即可在属性表窗
口的右下角获得采光率平均值为 0.124583,如图 5-52 所示。

图 5-52　采光率平均值

分别对 designA _2、designA _3、designB _1、designB _2 和 designB _3 数据集,重复以
上操作步骤,获得建筑设计方案的采光率平均值,如表 5-4 所示。

表 5-4   采光率平均值

数据集名称	采光率平均值
designA_1	0. 124583
designA_2	0. 088067
designA_3	0. 089619
designB_1	0. 621674
designB_2	0. 086854
designB_3	0. 162600

3. 保存三维场景与工作空间

在三维场景窗口中，右键选择"保存场景"，在弹出的"场景另存为"对话框中，设置场景名称为"designA"，如图 5-53 所示，点击"确定"按钮。

图 5-53　保存三维场景

在工作空间管理器中，右键单击"未命名工作空间"节点，选择"保存工作空间"，在弹出的"保存工作空间为"对话框中，选择工作空间文件保存目录，并设置工作空间名称为"data"，点击"保存"按钮，如图 5-54 所示。

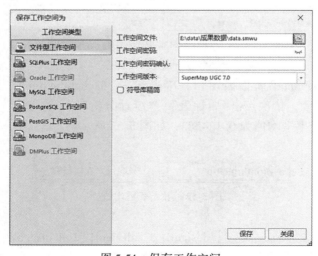

图 5-54　保存工作空间

重复"日照分析""计算采光率平均值"和"保存三维场景与工作空间"操作步骤，将建筑设计方案 B 的模型数据集 designB，添加到三维场景中进行日照分析，如图 5-55 所示，通过鼠标切换观察视角，目测方案 B 的采光情况。另存三维场景，命名为"designB"。

图 5-55　设计模型方案 B

4. 实验结果

本实验数据最终成果为 data. smwu、data. udbx 和 OSGB 文件夹，具体内容如表 5-5 所示。

表 5-5　　　　　　　　　　　　　　　　成 果 数 据

数据名称	类型	描　　　　述
OSGB	文件夹	存储研究区域的倾斜摄影三维模型数据
Config. scp	配置文件	倾斜摄影三维模型数据的配置文件，存储于 OSGB 文件夹中
designA_ *	三维点数据集	建筑设计方案 A 的日照分析结果数据，包括 designA_1、designA_2 和 designA_3，存储于数据源文件 data. udbx 中
designB_ *	三维点数据集	建筑设计方案 B 的日照分析结果数据，包括 designB_1、designB_2 和 designB_3，存储于数据源文件 data. udbx 中
采光率平均值	统计表格	建筑设计方案 A 和 B 的采光率平均值，参见表 5-4
designA	三维场景	研究区域的倾斜摄影三维模型数据和方案 A 的建筑设计模型，存储于工作空间文件 data. smwu 中
designB	三维场景	研究区域的倾斜摄影三维模型数据和方案 B 的建筑设计模型，存储于工作空间文件 data. smwu 中

综上，本实验基于某建筑用地的建筑红线、建筑基底面、设计模型和倾斜摄影三维模

型数据，通过 GIS 软件进行数据编辑、处理、日照分析和字段运算，将其添加到球面三维场景中立体显示，并获得建筑设计方案 A 和 B 的采光率平均值，便于辅助决策者对比观察两套设计方案的采光情况。

5.6 练习三 三维 GIS 数据融合处理

5.6.1 实验要求

本实验以"某山岭公路隧道三维可视化"为应用场景，通过 GIS 软件的三维 GIS 可视化和空间运算能力，将隧道模型结合山岭地形进行精确匹配和立体显示。

5.6.2 实验目的

（1）了解三维 GIS 中基于矢量数据构建三维模型的方法；
（2）掌握地形数据与模型数据精确融合处理的实现方法，了解科学分析三维空间数据融合方法的应用领域，培养学生严谨的科学态度。

5.6.3 实验环境

SuperMap iDesktop 10.2.1 及以上版本。

5.6.4 实验数据与思路

1. 实验数据
本实验数据为 data. udbx，具体使用的数据明细如表 5-6 所示。

表 5-6 数 据 明 细

数据名称	类型	描述
DEM	栅格数据集	研究区域的地形数据
Tunnel	模型数据集	某山岭公路隧道的模型数据

2. 实验思路
某山岭公路隧道三维可视化主要包括以下两个步骤：
（1）基于隧道模型和地形数据，通过 GIS 软件的"凸包""生成场景缓存"和"布尔运算"功能，实现隧道体构建与地形数据处理。
（2）将隧道模型、地形缓存和"天地图"影像加载到球面场景，实现隧道与地形的融合显示。
实验流程如图 5-56 所示。

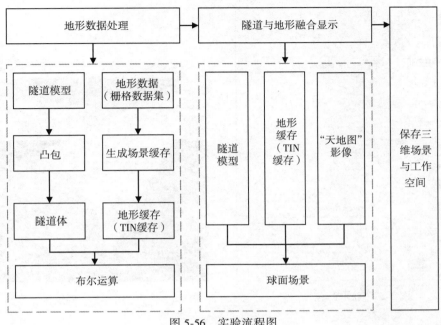

图 5-56　实验流程图

5.6.5　实验过程

1. 地形数据处理

1）打开数据源

在 SuperMap iDesktop 软件的功能区，依次点击"开始"→"数据源"→"文件"→"打开文件型数据源"，在弹出的"打开数据源"对话框中，选择 data. udbx 数据源，点击"打开"按钮。

2）隧道体构建

在 SuperMap iDesktop 软件的工作空间管理器中，鼠标右键选中 Tunnel 数据集，在右键菜单中选择"添加到新球面场景"。在功能区，依次点击"三维地理设计"→"运算分析"→"凸包"，弹出"获取凸包"对话框，如图 5-57 所示，选择"所有对象"，其他参数采用默认值，单击"确定"按钮，获得 ConvexHullResult 数据集，即隧道体数据。

在 SuperMap iDesktop 软件的工作空间管理器中，鼠标右键选中 ConvexHullResult 数据集，在右键菜单中选择"添加到当前场景"。在图层管理器中，点击"Tunnel@ data"图层前端的 ◉ 按钮，设置该图层为不可见状态，鼠标右键选中"ConvexHullResult@ data"图层，在右键菜单中选择"快速定位到本图层"，即可看到加载到三维场景中的隧道体，如图 5-58 所示。

3）生成场景缓存

在 SuperMap iDesktop 工作空间管理器中，鼠标右键选中 DEM 数据集，在右键菜单中选择"生成缓存…"，在弹出的"生成场景缓存"对话框中，如图 5-59 所示，设置缓存路径，其他参数采用默认值，点击"确定"按钮。

图 5-57 获取凸包

图 5-58 隧道体

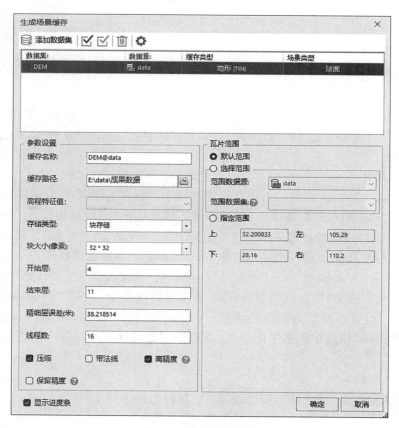

图 5-59 生成场景缓存

在图层管理器中，右键选中"地形图层"节点，在右键菜单中选择"添加地形缓存…"，在弹出的"打开三维缓存文件"对话框中，如图 5-60 所示，选择配置文件"DEM @ data. sct"，点击"打开"按钮，加载地形缓存，即可看到隧道体大部分被地形掩盖，如图 5-61 所示。

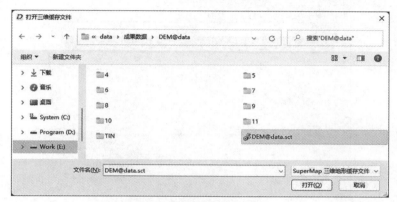

图 5-60　添加配置文件

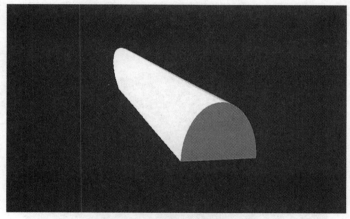

图 5-61　隧道体与地形重合

4）布尔运算

在当前的球面场景中，单击选中隧道体对象，在 SuperMap iDesktop 软件功能区中，依次点击"三维地理设计"→"TIN 地形操作"→"布尔运算"，在弹出的"布尔运算"对话框中，点击"检查"按钮，如图 5-62 所示。

在输出窗口中，查看输出的检查结果为"图层 ConvexHullResult@ data 选择模型三角网拓扑结构满足布尔运算的条件！"。在弹出的"布尔运算"对话框中，点击"确定"按钮，执行地形的布尔运算。在图层管理器中，点击"ConvexHullResult@ data"图层前端的 👁 按钮，设置该图层为不可见状态，即可查看布尔运算的结果，如图 5-63 所示。

图 5-62 布尔运算

图 5-63 布尔运算结果

2. 隧道与地形融合显示

1）加载"天地图"影像

在 SuperMap iDesktop 软件功能区中，依次点击"场景"→"在线地图"→"天地图"，在弹出的"打开天地图服务图层"对话框中，点击"确定"按钮，如图 5-64 所示。

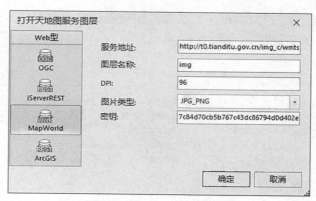

图 5-64　打开"天地图"影像

2）隧道模型三维显示

在图层管理器中，点击"Tunnel@ data"图层前端的 按钮，设置该图层为可见状态。在三维场景窗口中通过鼠标中键切换观察视角，即可看到隧道与地形融合显示的效果，如图 5-65 所示。

图 5-65　隧道与地形融合显示效果

3. 保存三维场景与工作空间

在三维场景窗口中，鼠标右键选择"保存场景"，在弹出的"场景另存为"对话框中，设置场景名称为"TunnelScene"，点击"确定"按钮，如图 5-66 所示。

图 5-66　保存三维场景

在工作空间管理器中，鼠标右键单击"未命名工作空间"节点，选择"保存工作空间"，在弹出的"保存工作空间为"对话框中，选择工作空间文件保存目录，并设置工作空间名称为"data"，点击"保存"按钮，如图 5-67 所示。

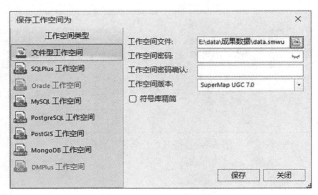

图 5-67　保存工作空间

4. 实验结果

本实验数据最终成果为 data. smwu、data. udbx，具体内容如表 5-7 所示。

表 5-7　　　　　　　　　　　　　成 果 数 据

数据名称	类型	描　　　述
DEM@ data	文件夹	研究区域的地形缓存数据
ConvexHullResult	模型数据集	隧道体数据，存储于数据源文件 data. udbx 中
TunnelScene	三维场景	研究区域的隧道三维模型数据和地形缓存，存储于工作空间文件 data. smwu 中

综上，本实验将某山岭公路隧道的模型和地形数据通过 GIS 软件进行处理与空间运算，并添加到球面三维场景中，进而实现隧道与地形三维融合显示。

问题思考与练习

（1）练习一中通过三维配准将建筑模型叠加到了影像数据所在区域，除了该方法，是否还有其他办法实现模型数据和影像数据的坐标匹配？如果有的话，请简要描述实现思路。

（2）练习二中对倾斜摄影三维模型数据进行了压平处理，请问能否使用镶嵌实现压平的效果？压平与镶嵌有何不同？

（3）练习三中对地形缓存数据进行了布尔运算实现融合，如果目前仅有隧道的中心线、隧道宽度和隧道截面，没有隧道的模型数据，请问能否实现隧道与地形的三维融合显示？若可以的话，请简要描述实现思路。

（4）练习三中，实现的是隧道模型与地形的融合显示，若有倾斜摄影三维模型数据，也与隧道模型存在重叠部分，能否实现隧道模型与倾斜摄影三维模型的融合显示？若可以的话，请简要描述实现思路。

第 5 章实验操作视频

第 5 章实验数据

第6章　三维实景地理信息可视化

6.1　学习目标

通过学习地理信息的三维实景可视化技术，掌握升维运算、符号化表达、专题图制作以及三维可视化效果的应用场景及实现手段。通过二三维一体化的符号解决方案，培养学生的发散思维和辩证思维能力，引导学生们在二维地图和三维地图矛盾的对立统一中寻求解决方案。三维实景可视化技术理论结合配套的实验，可帮助同学们系统地掌握三维符号制作与管理、符号化表达、拉伸闭合体以及三维场景特效制作的实现方法。

6.2　三维实景地理信息可视化技术

完整三维场景的表达与应用需要逼真的场景元素、丰富的数据类型以及三维特效的支持。目前主流的 GIS 平台提供了球面场景和平面场景两种三维场景。三维球面场景的主体是一个模拟地球的三维球体，该球体具有地理参考，三维场景位于地球球体之上，球体上的坐标点采用经纬度进行定位，在整个球体中浏览数据，实现更加直观形象地反映现实地物空间位置和相互关系。三维平面场景基于一个操作平面，支持加载投影坐标系以及平面坐标系的地形、影像、模型、矢量、地图等类型 GIS 空间数据，可浏览地上场景、地下管线、室内数据。

SuperMap GIS 的三维场景是以图层的形式展示和管理其中的数据。场景中的图层可分为三类：普通图层、地形图层和屏幕图层。普通图层包括矢量图层、影像图层、KML 图层、地图图层、模型图层以及在线服务图层六种类型，如表 6-1 所示。地形图层用于加载栅格地形和 TIN 地形，如图 6-1 所示。屏幕图层用于加载 Logo、说明性的文字等需要静止显示在三维窗口中的内容。

表 6-1　　　　　　　　　　　　　　普通图层类型及用途

图层类型	用　　途
矢量图层	用于加载矢量数据
影像图层	用于加载影像及其缓存
KML 图层	用于加载 KML 文件

续表

图层类型	用　途
地图图层	用于加载二维地图和二维地图缓存
模型图层	用于加载模型及其缓存
在线服务图层	用于加载在线地图服务

图 6-1　地形图层

地理信息的三维实景可视化技术主要涉及升维运算、三维符号化表达、专题图制作以及三维可视化。

6.2.1　升维运算

1. 基于表面模型数据提取

矢量数据通常由点、线、面来表达地理实体，例如使用线表达一条河流，使用面表达一个国家，使用点表达一座城市。这些点、线、面数据都可以叠加到三维地球上，从而表达更多实用的信息，如图 6-2 所示。

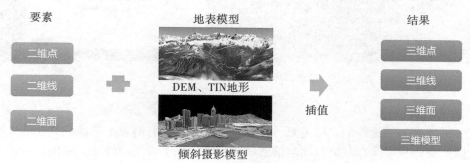

图 6-2　基于表面模型数据提取

点数据要绘制在三维地球上首先需要赋予它们一个合适的高程值。点数据的高程值通常从所叠加的地形数据上获取，即在绘制点数据时从高度纹理中获取高程值。三维点符号的实现技术相对简单，将模型、图片、粒子系统对象直接作为三维点符号存储到符号库并对点数据进行符号化表达。如图 6-3 所示，二维点基于倾斜摄影数据提取高程值，形成三维点数据，再对其进行符号化表达，形成三维场景中的路灯。

图 6-3　二维点升维三维点

同样，在图 6-4 中，针对二维线数据，通过提取倾斜摄影数据中的高程值，并赋值给该线，得到三维线。

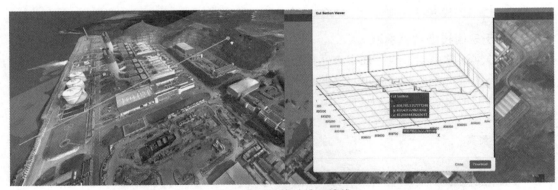

图 6-4　二维线升维三维线

2. 规则建模

真实世界中的三维线型，如道路、铁路、管线等，具有沿着走向其横截面基本不变的特征。因此我们只需保存其横截面的信息就能反映出整个线型的特征。采用符号化二三维一体化线型技术可以实现三维线型的表达。在图 6-5 中，利用线对象和截面，通过放样实现对三维场景中道路的表达并且可以自定义线型的截面。该技术实现了由矢量线数据向三维线型对象的直接转换和对复合线型的支持。

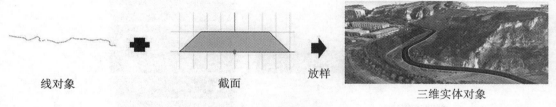

线对象　　　　　　　　　截面　　　　　　放样

三维实体对象

图 6-5　规则建模

　　另外，通过快速规则建模工具实现参数化的三维建模，可以提取二维影像的表面纹理，通过拉伸、旋转、放样等操作构建模型拉伸体以及三维几何体（球、柱、锥体等），并通过对三维实体对象的空间运算构建如坡屋顶等细节，实现快速规则建模，如图 6-6 所示，构建的模型属于三维体数据模型。图 6-7 所示，支持根据道路边线放样多级边坡，支持折线放样多级边坡。也可以由简单的三维几何体，如球、圆柱、圆锥等，通过布尔运算构造复杂的三维体对象。参数化三维体建模的分类和方法如图 6-8 所示。

图 6-6　规则建模（左）和构建屋顶（右）

图 6-7　多级边坡放样

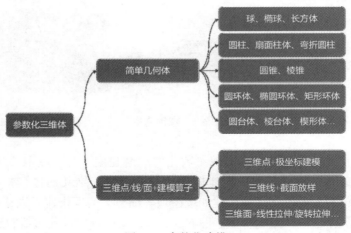

图 6-8　参数化建模

3. 拉伸闭合体

针对倾斜摄影数据、地形数据，通过拉伸的方式构建三维闭合体对象，如图 6-9 所示。同时可以设置高度模式、底部高程以及拉伸高度。

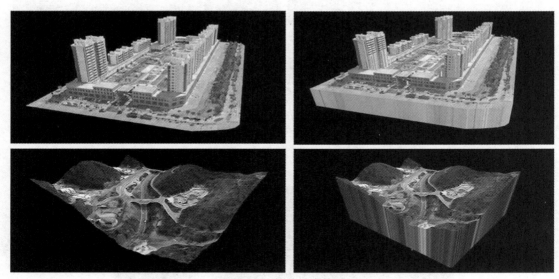

图 6-9　拉伸闭合体

4. 缓冲区分析

针对三维空间内的点、线、面，可以通过构建缓冲区的方式，完成数据的升维。通过对三维点、线、面进行缓冲区计算，可以获得一个三维球体、三维面/三维实体、三维实体模型。如图 6-10 所示，通过对三维管线数据中的一段三维线进行缓冲区分析，可以获得三维体模型，利用该三维体模型可以判断管线之间的距离设计是否合理。

图 6-10　缓冲区分析

6.2.2　符号化表达

符号作为表达地图内容的基本手段，可直观地表达地理事物和现象。利用二三维一体化的符号解决方案，在三维场景中，通过对二维矢量数据使用三维点、线型、填充符号，免去了用户重复制作数据的麻烦，使得地物具有更直观的表现力（见图 6-11）。三维符号化建模技术包括三维线型符号化技术、三维管网符号化技术、水面填充符号化技术等。

图 6-11　通过设置颜色等参数制作出多种水面效果

三维复合线型符号化技术，利用截面子线放样和模型子线放样，解决三维线要素（如道路、铁路等）和沿线规则排列的三维点要素（如行道树、路灯等）的高真实感表达的问题；三维自适应管网符号化技术，基于三维网络数据的拓扑关系，自适应地构建连通的三维管网，解决了三维管线高真实感表达的难题，并可实现基于拓扑的三维设施网络分析。

6.2.3　专题图制作

三维专题图是 GIS 中非常重要的图形展示方式，常用于在三维场景中反映数据的空间与时间的分布特征。SuperMap 三维提供了单值、分段、标签、统计、自定义五种三维专题图，可满足各行业直观地表达自然、社会现象或用户自定义要素的需求，如图 6-12 所示。

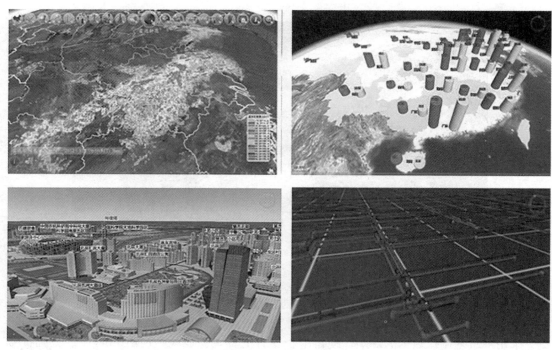

图 6-12　三维专题图

6.2.4　三维可视化

三维可视化效果涉及草图模式、卷帘效果、三维热度图、场数据颜色表、指标立体符号、海量动态对象高效绘制等(见图 6-13),可以在各个方面都最大可能地还原真实世界

图 6-13　三维可视化效果

中的景观。另外对于应急演练、安全防护、气象模拟等方面，三维特效在表现自然元素、模拟人物运动、表达管道介质流向等方面发挥独特的作用，显著提升了三维场景的视觉效果和真实感，其主要包括扫描线、地震波、尾迹线、泛光等效果。

6.3　练习一　三维符号制作与管理

6.3.1　实验概述

本实验以"园区地理信息的三维符号制作与管理"为应用场景，通过 GIS 软件的三维符号制作与管理的功能，分别为园区的树木、道路和湖泊制作三维符号，以辅助实现研究区域地理信息三维可视化。

6.3.2　实验目的

(1)了解三维符号的组织与管理；
(2)掌握构建三维点符号、线型符号和填充符号的方法。

6.3.3　实验环境

SuperMap iDesktop 10.2.1 及以上版本。

6.3.4　实验数据与思路

1. 实验数据

本实验数据为 tree 文件夹和 road.png，使用的数据明细如表 6-2 所示。

表 6-2　　　　　　　　　　　　　　　数 据 明 细

数据名称	类型	描　　述
tree.sgm	三维模型数据	表达树木的三维模型数据，存储于 tree 文件夹
road.png	图片	制作三维道路符号的纹理

2. 实验思路

园区的三维符号制作与管理，主要包括以下三个步骤：

(1)基于树木模型数据，通过 GIS 软件的"新建三维符号"和"导出成库文件"的功能，实现三维点符号的制作与输出。

(2)基于道路纹理贴图，通过 GIS 软件的"新建三维符号"和"导出成库文件"的功能，实现线型符号的制作与输出。

(3)通过 GIS 软件的"新建三维符号"和"导出成库文件"的功能，实现填充符号的制作与输出。

实验流程如图 6-14 所示。

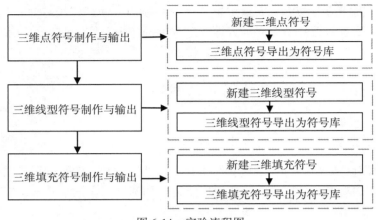

图 6-14　实验流程图

6.3.5　实验过程

1. 三维点符号制作与输出

在 SuperMap iDesktop 软件的工作空间管理器中，双击"点符号库"，在弹出的"点符号选择器"对话框中，依次点击"编辑"→"新建符号"→"新建三维符号..."，如图 6-15 所示。

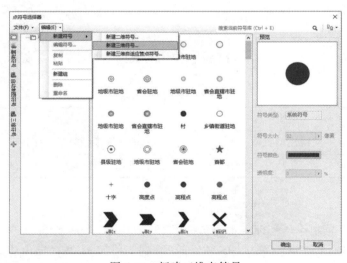

图 6-15　新建三维点符号

在弹出的"三维点符号编辑器"对话框中，点击"设置模型..."按钮，在弹出的"打开"对话框中，选择 tree. sgm，点击"打开"按钮，返回"三维点符号编辑器"对话框，设置符号名称为"tree3D"，在预览框中通过鼠标调整符号预览视角，点击"设置快照"按钮，其他参数采用默认值，如图 6-16 所示，点击"确定"按钮，返回"点符号选择器"对话框。

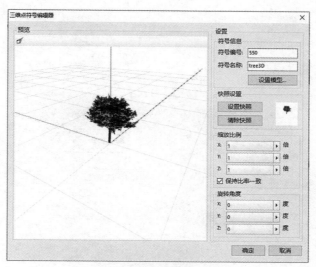

图 6-16　设置模型

在"点符号选择器"对话框中，鼠标右键单击符号名称为"tree3D"的符号，在右键菜单中，选择"点符号导出成库文件..."，在弹出的"导出点符号库"对话框中，设置文件名为"tree3D"，点击"保存"按钮，获得三维点符号库 tree3D. sym。在"点符号选择器"对话框中，点击"确定"按钮，完成三维点符号的制作与输出。

2. 三维线型符号制作与输出

在 SuperMap iDesktop 软件的工作空间管理器中，双击"线型符号库"，在弹出的"线型符号选择器"对话框中，依次点击"编辑"→"新建符号"→"新建三维线型..."，如图6-17所示。

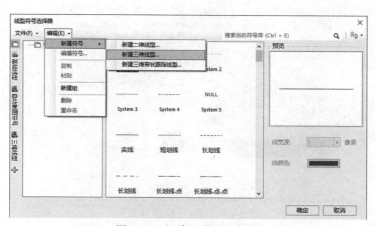

图 6-17　新建三维线型符号

在弹出的"三维线型符号编辑器"对话框中，点击□按钮，在交互编辑框中，绘制三维线型的截面形状，如图 6-18 所示。

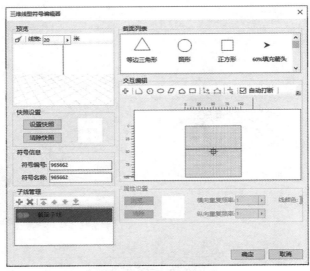

图 6-18　绘制符号的截面形状

选中表示道路的线对象，点击属性设置中的"浏览…"按钮，在弹出的"选择贴图"对话框中，选择 road. png，点击"打开"按钮，返回"线型符号选择器"对话框。在"线型符号选择器"对话框中，设置符号名称为"road"，在预览框中通过鼠标调整符号预览视角，点击"设置快照"按钮，其他参数采用默认值，如图 6-19 所示，点击"确定"按钮。

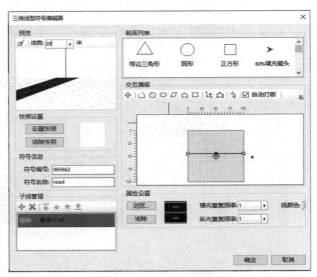

图 6-19　设置道路符号参数

在"线型符号选择器"对话框中，右键单击符号名称为"road"的符号，在右键菜单中，选择"线型符号导出成库文件…"，在弹出的"导出线型符号库"对话框中，设置文件名为"road"，点击"保存"按钮，获得三维线型符号库 road. lsl。至此完成了表达道路的三维线型符号制作与输出。

3. 三维填充符号制作与输出

在 SuperMap iDesktop 软件的工作空间管理器中，双击"填充符号库"，在弹出的"填充符号选择器"对话框中，依次点击"编辑"→"新建符号"→"新建三维填充…"，如图 6-20 所示。

如图 6-21 所示，在弹出的"三维填充符号编辑器"对话框中，设置符号名称为"lake"，水波频率为"0.1"，在预览框中通过鼠标调整符号预览视角，点击"设置快照"按钮，其他参数采用默认值，点击"确定"按钮，返回"三维填充符号选择器"对话框，点击"确定"按钮，完成表达湖面的三维填充符号制作。

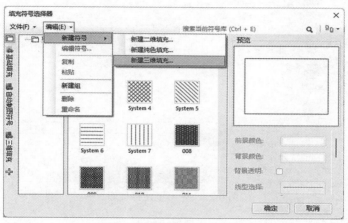

图 6-20　新建三维填充符号

图 6-21　设置填充符号参数

在"填充符号选择器"对话框中，鼠标右键单击符号名称为"lake"的符号，在右键菜单中，选择"填充符号导出成库文件..."，在弹出的"导出填充符号库"对话框中，如图 6-22 所示，设置文件名为"lake"，点击"保存"按钮，获得三维填充符号库 lake. bru。

图 6-22　导出填充符号库

4. 实验结果

本实验数据最终成果为 3 个符号库文件，具体内容如表 6-3 所示。

表 6-3　　　　　　　　　　　　　成 果 数 据

数据名称	类型	描　　述
Tree3D. sym	点符号库	点符号库文件，包含表达树木的三维点符号
road. lsl	线型符号库	线型符号库文件，包含表达道路的三维线型符号
lake. bru	填充符号库	填充符号库文件，包含表达湖面的三维填充符号

综上，本实验通过 GIS 软件的符号制作与管理能力，将表达园区树木、道路和湖面的三维符号制作并输出为符号库文件，以辅助研究区域的地理信息符号化表达。

6.4　练习二　三维地理信息可视化

6.4.1　实验要求

本实验以"园区三维地理信息可视化"为应用场景，通过 GIS 软件的三维符号化表达和要素立体显示的功能，为园区内的办公楼宇、树木、道路、水池等地理实体构建三维地理信息场景。

6.4.2　实验目的

（1）学习三维 GIS 中符号化表达的方法；

（2）掌握三维 GIS 中拉伸建模的方法；

（3）理解三维 GIS 可视化与二维地图制图技术方法的区别，培养学生学思结合，应用矛盾对立统一的辩证思想方法，分析两者的异同及应用范围，并思考 GIS 新技术的发展趋势。

6.4.3　实验环境

SuperMap iDesktop 10.2.1 及以上版本。

6.4.4　实验数据与思路

1. 实验数据

本实验数据为 data.udbx、Texture 文件夹、road.lsl 和 lake.bru。具体使用的数据明细如表 6-4 所示。

表 6-4　　　　　　　　　　　　　　　**数 据 明 细**

数据名称	类型	描　　　述
地面	面数据集	表达园区草坪、停车场、地面的数据，存储于 data.udbx
建筑	面数据集	表达园区办公建筑楼的数据，存储于 data.udbx
水池	面数据集	表达园区水池的数据，存储于 data.udbx
树木	点数据集	表达园区绿地上树木的数据，存储于 data.udbx
汽车	点数据集	模拟园区停车场的汽车数据，存储于 data.udbx
道路	线数据集	园区周边道路数据，存储于 data.udbx
水面	面数据集	模拟园区水池中的水，存储于 data.udbx
buildingB	模型数据集	园区办公楼模型数据，存储于 data.udbx
road.lsl	线型符号库	包含名为"road"的线型符号，用于道路要素的风格配置
lake.bru	填充符号库	包含名为"lake"的填充符号，用于水面要素的风格配置
Texture	文件夹	园区办公建筑楼、水池等要素的纹理

2. 实验思路

园区三维地理信息场景构建主要包括以下步骤：

（1）基于园区各类地理实体数据，利用 GIS 软件的"创建三维场景"功能，加载地理实体数据，并调整数据之间的显示顺序。

（2）通过 GIS 软件的"风格设置"和"专题图"的功能，对树木、道路、水面和园区地面等对象使用二维、三维符号进行渲染。

（3）基于办公楼和水池的二维矢量面和纹理数据，通过 GIS 软件的"矢量拉伸"功能，对其进行立体拉伸显示。

实验流程如图 6-23 所示。

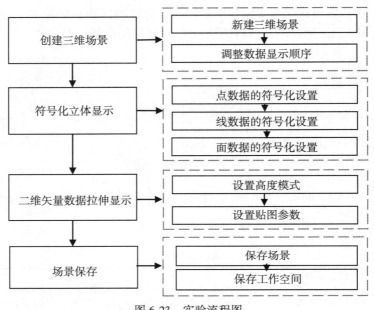

图 6-23　实验流程图

6.4.5　实验实施

1. 创建三维场景

在 SuperMap iDesktop 软件中，打开实验数据 data. udbx。选中 data 数据源中所有数据集，点击鼠标右键，选择"添加到新球面场景"，如图 6-24 所示。在图层管理器窗口中，右键单击"道路@ data"图层，选择"快速定位到本图层"，在场景窗口显示园区数据。

在图层管理器窗口，通过拖动每个图层来调整数据显示的顺序，最终图层顺序如图 6-25 所示。

2. 点数据的符号化显示

在图层管理器窗口，鼠标右键点击"树木@ data"图层，选择"图层风格…"，在弹出的"点符号选择器"中，点击左侧的"三维符号"选项卡，在"三维点符号库"的树状节点中，选择"树木"节点，在符号列表中，选中"树木_01"符号，在缩放比例设置栏中设置 x、y 和 z 的参数值为 5，点击"确定"按钮，如图 6-26 所示。在场景窗口，通过鼠标浏览场景数据，可以看到树木被符号化显示。

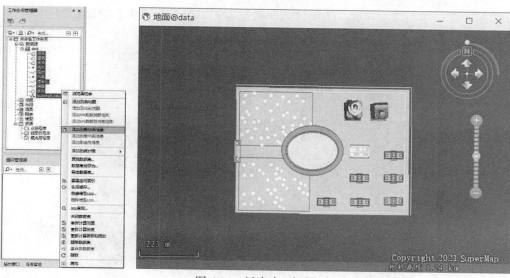

图 6-24　新建球面场景

图 6-25　调整图层顺序

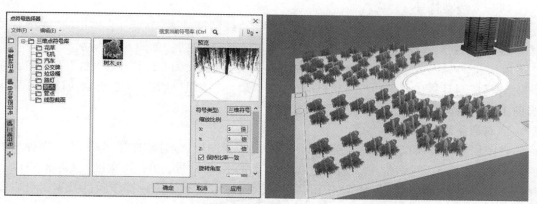

图 6-26　设置树木符号

提示：可以按照以上步骤，为园区汽车数据设置三维符号渲染，如图 6-27 所示。

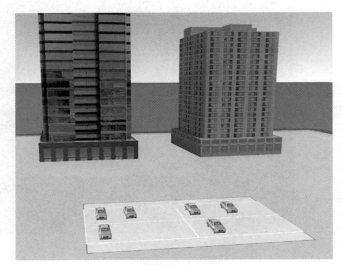

图 6-27　汽车符号化效果图

在图层管理器窗口，单击选中"汽车@data"图层，在 SuperMap iDesktop 软件功能区，点击"风格设置"选项卡，在"拉伸设置"组中，设置"高度模式"的值为"相对地面"，设置"底部高程"的值为"底部高程"，如图 6-28 所示。

图 6-28　拉伸设置

3. 线数据的符号化显示

1）导入线型符号

在工作空间管理器中，双击"资源"节点下的"线型符号库"节点，在弹出的"线型符号选择器"中，依次选择"文件"→"导入"→"导入线型符号..."，如图 6-29 所示。

在弹出的"导入线型符号"对话框中，选择实验数据 road.lsl，点击"打开"按钮，在"选择符号"对话框中，选中"road"符号，点击"确定"按钮，如图 6-30 所示，该符号导入当前工作空间符号库中。

2）对道路进行符号化显示

在图层管理器窗口，鼠标右键单击"道路@data"图层，选择"图层风格..."，在弹出的"线型符号选择器"对话框中，选中上一步导入的 road 符号，在"线宽度"文本框中输入16，如图 6-31 所示，点击"确定"按钮，在场景窗口中，通过鼠标操作园区数据，可以浏览符号化的道路。

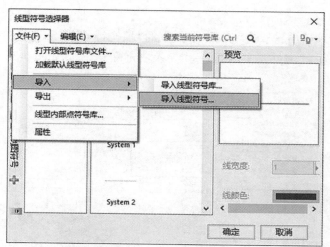

图 6-29   导入线型符号

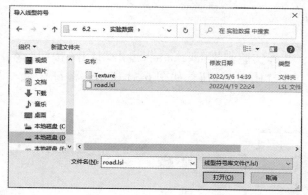 

图 6-30   选择符号

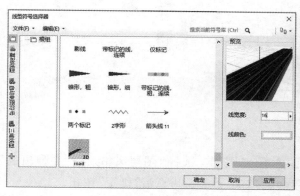 

图 6-31   符号化道路

4. 水面符号化

1）导入填充符号

在工作空间管理器中，双击"资源"节点下的"填充符号库"节点，在弹出的"填充符号选择器"中，依次选择"文件"→"导入"→"导入填充符号..."，如图 6-32 所示。

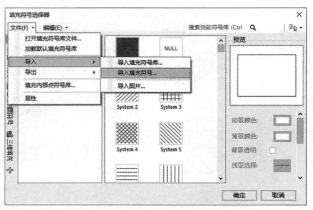

图 6-32 导入填充符号

在弹出的"导入填充符号"对话框中，选择实验数据 lake.bru，点击"打开"按钮，在"选择符号"对话框中，选中"lake"符号，点击"确定"按钮，如图 6-33 所示，将符号导入当前工作空间符号库中。

图 6-33 选择符号

2）对水面进行符号化显示

在图层管理器窗口中，右键单击"水面@ data"图层，选择"图层风格..."，在弹出的"填充符号选择器"对话框中，选中上一步导入的 lake 符号，再点击"确定"按钮。

在 SuperMap iDesktop 软件功能区，点击"风格设置"选项卡，在"拉伸设置"组中，设置"高度模式"的值为"相对地面"，设置"底部高程"的值为"底部高程"，如图 6-34 所示。

图 6-34　拉伸设置

在场景窗口，通过鼠标浏览园区水池范围的数据，可以看到水面呈现仿真的水面效果，可以映射出周边的景物倒影，如图 6-35 所示。

图 6-35　水面效果图

5. 通过专题图对地面数据进行符号化渲染

在图层管理器中，鼠标右击"地面@dada"图层，首先选中"制作专题图..."，然后在弹出的"制作专题图"对话框中选择"单值专题图"，最后点击"确定"按钮，出现"专题图"窗口，如图 6-36 所示，在该窗口为地面数据设置各类要素的风格。

（1）设置单值表达式为"地面属性"。

（2）设置停车场风格。具体操作如下：

在专题子项列表中，选中"停车场"子项，点击风格设置按钮，在弹出的"填充符号选择器"对话框中，选中"System0"符号，设置前景颜色为白色，双击线型选择的图框，在弹出的"线型符号选择器"对话框中，选中"System0"符号，如图 6-37 所示，依次点击"确定"按钮，完成停车场数据填充符号设置。

图 6-36　选择专题图类型

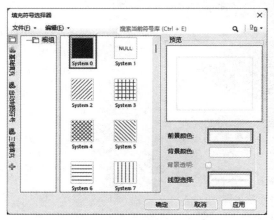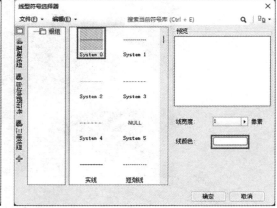

图 6-37　专题图子项风格设置

在专题子项列表中,"停车场"子项为选中状态,点击子项扩展属性设置按钮 ✿,在弹出的"专题图子项扩展属性设置"对话框中,设置扩展属性为"使用子项属性",高度模式为"相对地面",底部高程为"2",在顶部贴图设置中,贴图来源为 Texture \ Parking. png 的路径,重复模式为"实际大小",横向重复和纵向重复都设置为"2",如图 6-38 所示,点击"确定"按钮,完成通过贴图方式可视化表达停车场。

(3)按照停车场可视化表达的方法,分别为水泥地和绿地专题子项设置风格和贴图纹理,具体参数如表 6-5 所示。

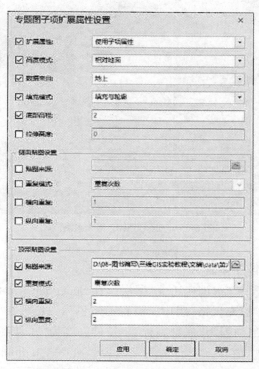

图 6-38　专题图子项扩展属性设置

表 6-5　　　　　　　　　　　　　　　　地面专题图子项参数明细

参数项		水泥地	绿地
风格	填充符号	System0	System0
	前景色	白色	白色
	线型符号	System0	System0
专题图子项扩展属性	扩展属性	使用子项属性	使用子项属性
	高度模式	相对地面	相对地面
	底部高程	1	3
	顶部贴图来源	Texture \ ground. jpg	Texture \ grass. jpg
	重复模式	重复次数	重复次数
	横向重复	20	10
	纵向重复	20	10

地面数据的可视化结果如图 6-39 所示。

图 6-39 地面数据的可视化结果

6. 二维水池数据拉伸立体显示

在图层管理器中，选中"水池@ data"图层，在 SuperMap iDesktop 软件功能区，打开"风格设置"选项卡，在"填充风格"组中，设置前景色为白色，在"拉伸设置"组中，高度模式为"相对地面"，底部高程为"底部高程"，拉伸高度为"拉伸高度"，点击"贴图设置"按钮。在"三维贴图管理"窗口，侧面贴图来源为 Texture \ building2. jpg 的路径，重复模式为"实际大小"，横向大小和纵向大小都为"1"，顶面贴图来源为 Texture \ ground7. jpg 的路径，重复模式为"重复次数"，横向重复和纵向重复都为"20"，如图 6-40 所示。

图 6-40 水池风格设置

在场景中浏览水池数据，如图 6-41 所示。

7. 二维建筑的拉伸立体显示

数据集名称为"建筑"的二维面数据是园区的办公建筑数据，由于其建筑结构由中轴、侧面、正面、逃生通道、门厅和围裙组成，各个部分的纹理和高度均不同，因此，对其进行拉伸立体显示仍旧可以采用与地面数据风格设置相同的方法，即制作单值专题图，设置单值表达式为"墙面属性"，并为每个专题子项设置风格和扩展属性，这里不再赘述，具体的参数值如表 6-6 所示，拉伸立体显示效果如图 6-42 所示。

图 6-41　水池立体效果

表 6-6　　　　　　　　　　　　园区办公建筑楼专题图子项参数明细

	参数项	中轴	侧面	正面	逃生通道	门厅	围裙
风格 ◈	填充符号	System0	System0	System0	System0	System0	System0
	前景色	白色	白色	白色	白色	白色	白色
	线型符号	System0	System0	System0	System0	System0	System0
专题图子项扩展属性 ✿	扩展属性	使用子项属性	使用子项属性	使用子项属性	使用子项属性	使用子项属性	使用子项属性
	高度模式	相对地面	相对地面	相对地面	相对地面	相对地面	相对地面
	底部高程	1	1	1	1	1	1
	拉伸高度	101	100	100	103	20	20
	侧面贴图来源	Texture/building10.jpg	Texture/ground9.jpg	Texture/building1.jpg	Texture/building4.jpg	Texture/ground6.jpg	Texture/ground5.jpg
	重复模式	实际大小	实际大小	实际大小	实际大小	实际大小	实际大小
	横向重复	15	45	36	5	12	6
	纵向重复	8	15	15	5	60	13
	顶部贴图来源	Texture\ground7.jpg	Texture/building4.jpg	Texture/building4.jpg	Texture/building4.jpg	Texture/building4.jpg	Texture/building4.jpg
	重复模式	重复次数	重复次数	实际大小	实际大小	重复次数	重复次数
	横向重复	1	1	36	5	1	1
	纵向重复	1	1	15	5	1	1

图 6-42　园区办公建筑拉伸效果

8. 保存场景和工作空间

在场景窗口，浏览园区三维实景可视化效果，通过鼠标可以调整场景的视角，并保存场景，为其命名为"yuanqu"，保存工作空间，命名为"data"。

6.4.6　实验结果

本实验数据最终成果为 data.smwu 和 data.udbx，data.smwu 中存储了一个名为"yuanqu"的三维场景，包含园区的树木、道路和建筑等地理信息的符号化和建模成果。本实验通过 GIS 软件的符号化表达与拉伸建模能力，实现某园区树木、道路和建筑等地理信息的三维立体显示。

6.5　练习三　三维场景特效制作与飞行管理

6.5.1　实验要求

本实验以"园区三维场景特效与飞行浏览"为应用场景，通过 GIS 软件的粒子对象和飞行管理工具，模拟园区喷泉池，并实现园区景观的自动浏览展示。

6.5.2　实验目的

（1）掌握粒子对象以及粒子系统的参数意义，能够灵活运用粒子对象制作各种场景特效；

（2）熟悉飞行管理工具，掌握飞行路线的制作方法。

6.5.3　实验环境

SuperMap iDesktop 10.2.1 及以上版本。

6.5.4　实验数据与思路

1. 实验数据

本实验数据为 data. smwu 和 data. udbx，包含园区地理空间数据以及园区三维场景。

2. 实验思路

园区水池的喷泉特效以及飞行管理的实现主要包括以下步骤：

(1)在园区水池中制作喷泉特效，可以通过 GIS 软件的粒子对象工具实现；

(2)园区景观自动浏览，通过 GIS 软件的飞行管理工具实现。

实验流程如图 6-43 所示。

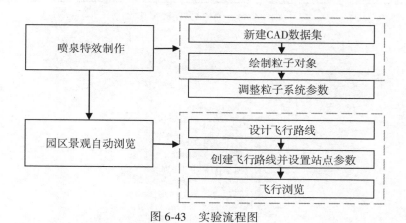

图 6-43　实验流程图

6.5.5　实验实施

1. 喷泉特效制作

1) 创建 CAD 数据集并加载到 yuanqu 场景中

在 SuperMap iDesktop 软件中打开 data. swmu 工作空间，右击 data 数据源节点，在右键菜单中选择"新建数据集…"，在弹出的"新建数据集"对话框中，如图 6-44 所示，新建一个 CAD 类型的数据集，名称为"粒子特效"，点击"创建"按钮。该数据集用于存储粒子对象数据。

在工作空间管理器中，打开场景节点，双击"yuanqu"场景，在场景窗口打开园区场景。在 data 数据源节点下鼠标右键单击"粒子特效"数据集，在右键菜单中选择"添加到当前场景"。

2) 添加粒子对象

在图层管理窗口，鼠标右击"粒子特效@ data"图层，在右键菜单中选中"可编辑"命令，如图 6-45 所示。

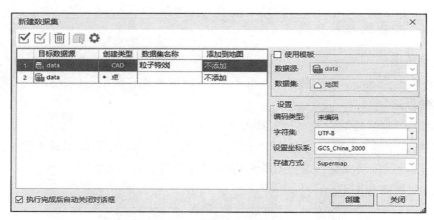

图 6-44　创建 CAD 数据集

图 6-45　设置图层可编辑

在场景窗口，将视角漫游到园区水池上方。在功能区的对象绘制选项卡中，点击粒子对象选择列表中的喷泉图标，鼠标移动到场景窗口的水池上方，鼠标变为十字形状，在水池中央绘制一个粒子对象，然后在水池四周绘制四个粒子对象，如图 6-46 所示，单击鼠标右键即可完成粒子对象绘制。

图 6-46　设置图层可编辑

3) 调整喷泉粒子系统参数

在场景窗口，选中水池中央的喷泉对象，单击鼠标右键，选择"属性"命令，在右侧出现的"粒子对象管理"窗口中为该粒子对象调整粒子参数，选中"Fountain｛1｝"节点，在粒子选项卡中，设置高度为 5，宽度为 3，如图 6-47 所示。

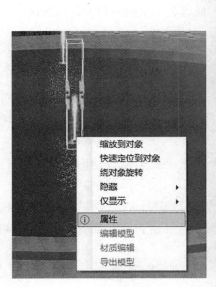

图 6-47　调整粒子系统参数

用同样的方法，依次为水池周边的四个喷泉对象设置粒子参数，分别设置作用力选项卡中 x、y 的方向值，四个喷泉粒子依次取值为 $x=90$，$x=-90$，$y=90$，$y=-90$，并查看场景中喷泉效果，如图 6-48 所示。

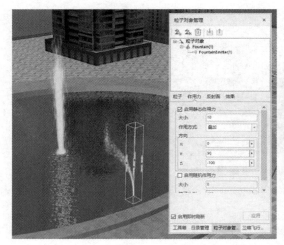

图 6-48　调整粒子方向参数和最终效果

2. 园区景观自动浏览

1）设计飞行路线

通过操作鼠标浏览园区，设计一条园区景观自动浏览的路径，比如首先从园区大门飞入，到喷泉水池，环顾四周观赏周边植被绿化情况，然后依次飞到办公建筑群中，从各个视角浏览办公楼的外观，浏览停车场，到写字楼浏览，最后从上空俯视角度浏览园区。

2）创建飞行路线

在 SuperMap iDesktop 软件功能区"飞行管理"选项卡的"飞行路线"组中，点击"新建"按钮，在右侧出现"三维飞行站点管理"窗口。

通过鼠标将场景视窗调整到第一个视角位置后，首先点击"三维飞行站点管理"窗口中的 按钮，在飞行路线节点下新增 stop1 站点，然后选中 stop1 站点，可以在下方"相机参数设置"栏中对 stop1 站点的相机参数进行调整。

利用同样的操作，依次添加第二、三、四……个站点，直至完成所有预定的飞行路径。

在制作飞行路线的过程中，可以勾选功能区"飞行管理"选项卡的"选项"组中"显示路线"和"显示站点"，将添加的站点和飞行路线直观地在场景窗口标识出来，如图 6-49 所示。

3）站点飞行设置

对于在一些站点需要多停留一些时间，或者在站点位置进行旋转观察，可以通过"站点飞行设置"功能来实现。首先在"三维飞行站点管理"窗口的飞行路线节点下面，选中某一个站点，单击 按钮，弹出"站点飞行设置"对话框，设置转弯时长和旋转角度等参数，如图 6-50 所示。

图 6-49　显示路线和站点设置

图 6-50　站点飞行设置

4）飞行模拟

在 SuperMap iDesktop 软件功能区"飞行管理"选项卡的"飞行"组中，通过飞行、加减速和停止工具，可以按照飞行路线浏览园区场景。

5）保存飞行路线

在 SuperMap iDesktop 软件功能区"飞行管理"选项卡的"文件管理"组中，点击"保存"按钮，可以将飞行路线保存成文件。也可以点击"打开"按钮，打开一个预先制作好的飞行路线，对数据进行浏览。

6.5.6　实验结果

本实验数据最终成果为 data. smwu、data. udbx 以及飞行路线文件 SceneRoutes. fpf。本实验通过 GIS 软件的粒子对象和飞行管理工具，实现园区喷泉特效的显示以及园区景观自动浏览的能力。

问题思考与练习

（1）地理信息的三维实景可视化技术主要包括哪些实现手段？

（2）能否将多个符号输出到一个符号库中？若可以的话，请简要描述实现思路。

（3）请基于练习一中输出的符号库文件，练习将符号库文件导入新的工作空间中，以实现符号共享与复用。

（4）请结合练习二操作的可视化显示方法，对园区围栏数据进行立体显示。

（5）请利用粒子对象，模拟制作园区下雪的场景。

第 6 章实验操作视频

第 6 章实验数据

第 7 章　三维 GIS 空间分析与应用

7.1　学习目标

通过对三维 GIS 空间分析功能的学习，掌握三维空间运算、三维空间关系判断、三维空间分析、降维计算、三维网络分析和三维量算等新一代三维 GIS 空间分析技术。结合上机实验，培养学生理论联系实践的动手能力，引导学生在展开二维空间分析与三维空间分析的过程中辩证地看待其区别与联系，运用发展的思维结合本章知识解决实际生活中的相关问题。

7.2　三维 GIS 空间分析概述

空间分析是基于地理对象位置和形态的空间数据的分析技术，强大的空间分析能力是 GIS 的主要特征。三维空间分析是指在三维场景中，基于地形、模型、影像等数据，对数据的位置和形态进行空间分析。空间分析在真三维场景中的展现可以更加直观地表达出分析的效果。图 7-1 显示了三维场景中通视分析和天际线分析的效果。

图 7-1　三维场景中通视分析和天际线分析的效果

在三维场景构建的前提下，GIS 的空间分析能力是数据应用价值的体现，三维 GIS 从可视化工具走向实用，需要具备强大的分析能力。分析功能一体化技术主要分为两个部分，一方面是将二维分析的结果在三维场景中进行展示，另一方面是基于三维场景的三维空间分析。新一代三维 GIS 平台主要支持三维空间运算、三维空间关系判断、三维空间分析、降维计算、三维网络分析和三维量算等。

7.2.1 三维空间运算

基于三维模型数据的分析计算是新一代三维 GIS 的重要特征。可以对三维模型数据进行空间查询、空间运算，如交、并、差等操作（见图 7-2），三维体对象进行空间运算后的结果仍然是三维体；对模型进行截面、投影等操作可以获取二维数据，从而达到降维效果；对二维数据进行拉伸、放样、直骨架等操作可以获取模型数据。

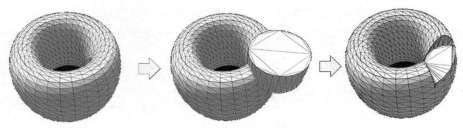

图 7-2　三维几何体布尔运算（差运算）

在修建穿山隧道时，利用截面放样等技术构建凸包，利用凸包构建隧道体，将隧道体与山体进行布尔交运算，获得三维体同时删除该体对象，实现在山体模型中挖出贯通的隧道的过程，如图 7-3 所示。

图 7-3　构建隧道

三维空间运算功能可以对倾斜摄影数据进行优化处理，实现对倾斜摄影数据的裁剪、镶嵌(平整路面、镶嵌纹理)、挖洞，并可以输出 DSM、DOM 及 2.5D 测绘产品，从而提高倾斜摄影模型的增值性应用。通过纹理新增映射和合并根节点等倾斜数据处理方法，提升数据加载和浏览性能；通过空间布尔运算删除悬浮物，解决倾斜摄影模型悬浮物给用户带来的不便。同时，可以生成大文件，解决局部更新的问题；模拟拆除建筑物效果，压平、拆除、置换精细模型一站式操作，实现规划方案效果的对比与展示，满足规划行业的应用。通过三维空间运算功能模拟地表开挖效果，倾斜摄影模型参与地表开挖，满足地上地下一体化的 GIS 应用问题。

7.2.2 三维空间关系判断

三维空间关系判断主要是指通过三维体模型间的相互关系判断，包括包含、相交、相离等，来进行三维体模型间的查询检索。

在图 7-4 中，通过对道路进行三维缓冲区分析，获得道路缓冲体对象。利用三维关系查询，可以获得道路一定范围内的不符合要求的建筑，即对沿街建筑进行退线检测，判断沿街建筑如阳台、飘窗、楼梯的设计是否符合要求(是否占用道路空间)，因此能够在设计阶段及时发现问题并改正，避免造成损失。

图 7-4 三维场景中的缓冲区分析

平台支持基于 GPU 的空间关系查询与判定，在图 7-5 中，通过设置查询范围，利用前端快速地返回查询范围内的模型对象，实时获知模型与查询范围的交、并、差关系。

7.2.3 三维空间分析

随着三维 GIS 的快速发展和应用，三维空间分析技术成为技术研究的热点领域。面对日益庞大、种类繁多的三维多源数据，为满足 GIS 各行业对三维空间分析的实用性需求，SuperMap 形成基于 GPU 或基于数据的不同三维空间分析功能，具体包括通视分析、可视域分析、阴影率统计分析、天际线分析、剖面线分析等。同时，SuperMap GIS 支持基于分析结果(三维体模型)进行实时空间查询与关系判定，如图 7-6 所示，输出红色(电脑显示颜色)为天际线体范围外的对象,黄色(电脑显示颜色)为范围内的对象。

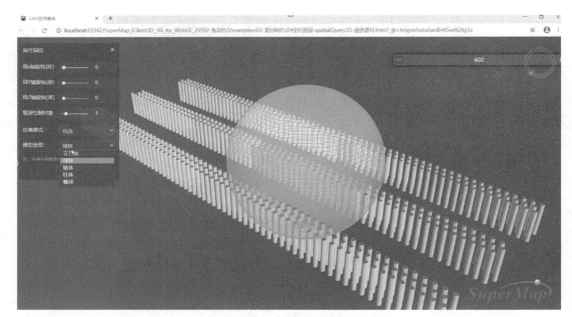

图 7-5　基于 GPU 的空间关系判定

图 7-6　基于三维体分析结果实现三维空间查询(GPU)

1)通视分析

通视分析用于判断观察点与目标点之间是否可见。在图 7-7 中,通过显示不同颜色区别观察点到目标点是否被障碍物阻挡，确保用户的分析更加直观。同时，可以导出障碍点以及障碍物的 ID 值，方便用户进行二次分析。通视分析广泛应用于建筑物视线遮挡情况判断，监控覆盖率、通信信号覆盖、军事设施布设、军事火力覆盖等。

图 7-7　通视分析示例

2）可视域分析

可视域分析是基于给定的观察点和观察范围，分析在观察范围内的被观察物体是否可见。它通过设置观察角度、观察距离，以及水平、垂直方向的观察范围，实时分析一个或多个被观察物体（如图 7-8 左图所示的多个建筑物）在观察范围内是否可见；也可根据指定行进路径，实时动态地展示可视域分析效果。三维可视域在安保、监控、森林防火瞭望塔布设、航海导航、航空以及军事布防方面有重要的应用价值。

将可视域分析结果输出为三维实体数据模型，定义为可视域体，如图 7-8 右图所示。用户基于可视域体，可以进行二次分析。同时，可以导出障碍点、可视线和观察点，可以修改提示线颜色、透明度等设置，方位角可以设置任意角度值，实现更加精确的空间目标对象监控，通过判断目标对象与可视域体的空间关系，进行可视域分析。使可视域分析不仅着眼于三维表面，而且可以表达三维空间的可见区域。

图 7-8　可视域分析示例（左）和可视域分析结果导出为可视域体（右）

3）阴影分析

阴影分析是太阳光源产生的阴影范围分析，如图 7-9（左图）所示。将光源在三维空间中产生的阴影范围，用三维实体数据模型表达，定义为阴影体，如图 7-9（右图）所示。通过判断空间目标对象和阴影体的空间关系，分析空间目标对象是否在阴影范围内。可广泛应用于城市规划设计中的建筑物采光分析等方面。

图 7-9　阴影分析示例（左）和阴影分析结果导出为阴影体（右）

4）阴影率统计分析

阴影率统计分析是指在特定时间段内统计指定物体被阴影覆盖的时长所占比例。阴影率统计分析功能，如图 7-10 所示，可在三维场景中指定某个区域，根据设置间隔可自动计算每个点在指定时间段的阴影率，通过分层设色策略显示与分析该区域内的阴影率。基于阴影率分析可输出三维点集，并支持阴影率的查询和统计。图 7-11 中显示了三维点集表示的阴影率以及分层设色的方盒子表达的阴影率。阴影率统计分析可广泛应用在城市规划、景观分析等方面。

图 7-10　阴影率分析

图 7-11　带阴影率的三维点集(左)和带颜色的方盒子表达阴影率(右)

5) 天际线分析

天际线,又称城市轮廓或全景,是由各种地形地貌和标志性地物等构成的以天空为背景的轮廓线。城市天际线是城市设计中的一个重要因素,高层建筑和超高层建筑已经成为影响城市天际线的决定性因素。天际线绘制与分析功能,如图 7-12(左)所示,从任意视角快速绘制天际线,根据天际线轮廓对规划建筑的位置和高度进行调整,使城市规划工作省时省力。

根据天际线分析的结果,可以输出天际线及天际线限高体(见图 7-12 右),天际线限高体是三维实体模型,通过空间目标对象与天际线限高体的空间关系进行判断及空间运算,可以分析目标对象的超高情况。可实际应用于城市规划设计中的建筑物限高分析、建筑物对天际线的影响分析等。

图 7-12　天际线分析示例(左)和天际线分析结果导出为天际线限高体(右)

6) 开敞度分析

三维开敞度分析是在场景中,相对于指定的观测点,基于一定的观测半径,构造出一个"视域半球体",分析该区域内开敞度情况,模拟特点观测点周围空间的视域范围。同时,支持导出障碍点、可视线和观察点。开敞度分析示例及障碍点可视线导出结果如图7-13 所示。

图 7-13 开敞度分析示例(左)和导出障碍点可视线(右)

7)日照分析

日照分析是指在某一日期模拟计算某一建筑群、某一层建筑、某建筑部分的日照影响情况或日照时数情况。在图 7-14 中,通过日照分析可以获得某一建筑物日照分布情况,可以为房屋选择、销售定价提供一定的参考。

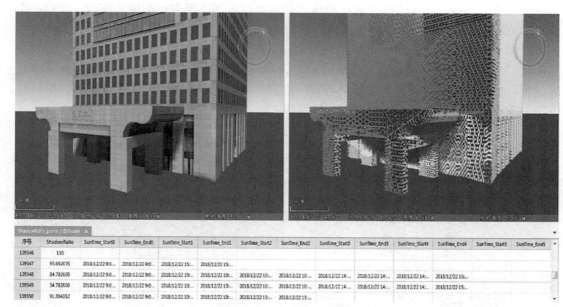

图 7-14 日照分析示例

在图 7-15 中,利用体元栅格来表达日照率的三维空间分布,可以全方位地对日照的分布进行表达,不仅仅局限在表面;同时通过动态过滤的方式可以看到模型内部的日照情况,以此获得更多信息。

8)剖面线分析

剖面表示表面高程沿某条线(截面)的变化,传统的剖面分析是研究某个截面的地形剖面,包括研究区域的地势、地质和水文特征以及地貌形态、轮廓形状等。三维剖面线分析可以针对三维场景中的任意物体(包括建筑物、地下管道等),如图 7-16 所示,在任意方向上画出一条切线,自动生成剖面线图,并且支持在剖面线图上进行量算、位置查询等操作。剖面线分析广泛应用于土地利用规划、工程选线、设施选址、管道布设、煤矿开采等方面。

图 7-15　体元栅格表达日照示意图

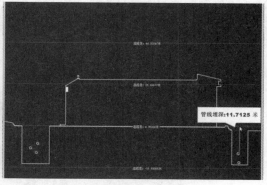

图 7-16　对剖面线分析结果进行位置查询与距离量测

9)等值线分析

等值线指的是制图对象某一数量指标值相等的相邻各点所连成的闭合曲线,在水系水文特征、气候特征、地形概况与区位选址等方面有重要的应用价值。如图 7-17 所示,在用户可任意指定的某一范围内,自动获取并通过分层设色策略实时绘制此范围内的等值线。用户可根据显示需求,自定义设置等值线的显示模式、线颜色、纹理颜色表、透明度、最小高程、最大高程、等值距等属性。

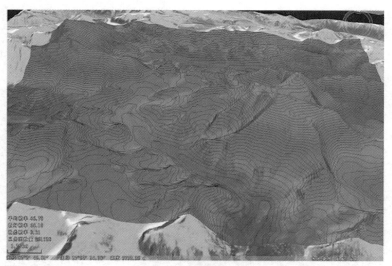

图 7-17　等值线分析

10）坡度坡向分析

坡度和坡向是两个重要的地形特征因子，其中，坡度表示地球面某一位置的高度变化率的量度；而坡度变化的方向称为坡向，表示地表面某一位置斜坡方向变化的量度。如图 7-18 所示，用户可在地形上指定任意一范围，自动获取并通过分层设色策略和绘制指示箭头生成坡度坡向图，可根据颜色和箭头指向直观地查看地形起伏方向和起伏大小；并且支持设置最大、最小可见坡度、颜色表，以及查询单点的坡度坡向数值功能。坡度坡向分析在土地利用、植被分析、环境评价、景观分析等领域有重要的应用价值。

图 7-18　坡度坡向分析

11）碰撞分析

在三维场景中，被检测模型按照指定路线动态移动，通过碰撞检测分析功能能够实时确定、动态显示被检测模型与环境模型彼此之间是否发生接触,以及接触区域大小的碰撞情况。虚拟环境中的碰撞分析能够指导现实生产工作,如在一个高度还原了现实空间环境的点云管线场景中,大型设备在安装、拆卸时,通过碰撞分析可准确地模拟设备搬运移动过程中会与哪些管线设备发生接触、碰撞,避免现实中人力、财产的损失。

7.2.4　降维计算

降维计算是指通过一定的方式将数据降维,主要包括平面投影、任意剖面和立面投影等方式。

1)平面投影

在图 7-19 中,通过平面投影,将三维城市模型转换为房屋平面轮廓图,这在一定程度上提高了数据利用率,不仅节约了资源,还降低了二维数据的获取成本。

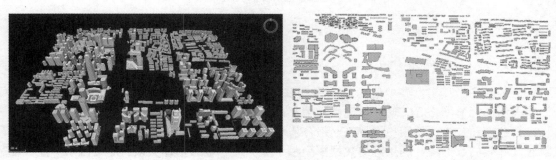

图 7-19　平面投影

2)任意剖面

通过对三维模型的剖切获得任意面的剖面图,可以应用在房产测绘中,图 7-20 为通过剖分获得的户型图。

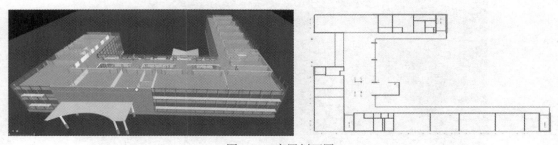

图 7-20　房屋剖面图

3)立面投影

通过立面投影的方式,可以获得建筑物的立面图,从而提高数据的利用率,节约数据资源,立面投影效果如图 7-21 所示。

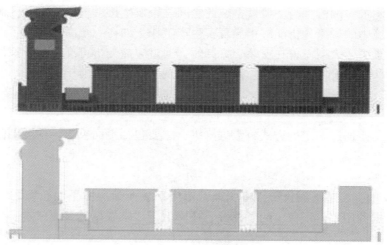

图 7-21　立面投影

7.2.5　三维网络分析

三维网络为真实世界中的常见网络和基础设施提供了建模方法，如市政水网、输电线、天然气管道网络等，这些设施本质上都是资源有向流动的网络结构，可利用设施网络来进行建模和分析。使用三维设施网络分析功能的前提是构建网络数据集，将管网对象抽象成点和线的数据集，利用网络数据模型赋予点和线一定的拓扑关系，配合流向字段，模拟现实世界中常见网络和公共基础设施的网络结构。如图 7-22 所示的爆管分析功能，即若管网中某处发生爆裂，可快速查询出需要关闭的上游阀门以及可能受到影响的下游管线。

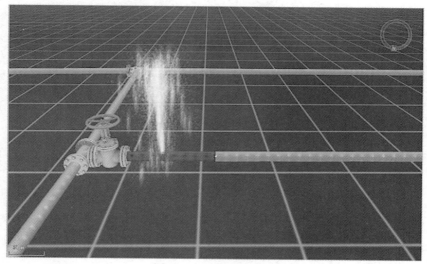

图 7-22　三维爆管分析

7.2.6　三维量算分析

三维 GIS 基础的三维量算功能包括距离量算、面积量算和高程量算。距离量算是在三维场景的表面进行的距离量算，这里的距离可分为空间距离、依地距离和水平距离，三种距离量算方式的含义见表 7-1。

表 7-1　　　　　　　　　　　　　　距离量算功能分类

距离量算类型	适用场景	含　义
空间距离	适用于场景中具有一定高程物体之间的距离	根据起点和终点的空间位置计算出两者之间的空间距离
依地距离	在场景中的地形之上进行距离量算	根据地形自动附着在地表之上计算出地表起伏的曲面距离
水平距离	当场景中有地形数据或模型数据时	根据起点和终点的位置计算出两者之间的水平距离

需要注意的是，在场景中量算距离，只能在地球表面量算，在地球以外的场景窗口的其他区域，距离量算无效。场景中的空间距离和依地距离量算结果会根据有无地形数据来计算，当在场景中进行依地距离量算时，若量算的区域没有地形数据，量算的距离为光滑球体的球面距离，即不考虑地球表面地形起伏的光滑地球的球面距离。有无地形数据的量算区别如图 7-23 所示。

场景数据	量算方式	量算结果	结果示例
无地形数据	空间距离	不考虑地球表面地形起伏的光滑地球的空间直线距离	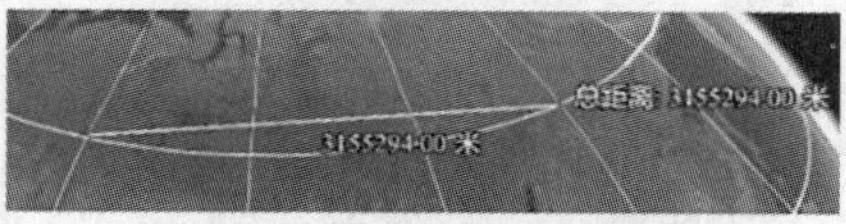
	依地距离	不考虑地球表面地形起伏的光滑地球的空间球面距离	
有地形数据	空间距离	量算的过程中，量算的距离为依地形高程的空间直线距离	
	依地距离	量算的过程中，量算的距离为依地形起伏的曲线距离	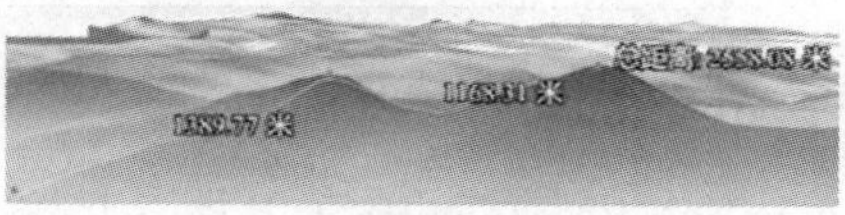

图 7-23　无地形数据和有地形数据的场景下距离量算结果

面积量算用来在场景的表面进行面积量算,分为空间面积量算和依地面积量算两种。高程量算用来在场景中的地球表面进行高度量算,可以对模型进行高度量算。

三维量算功能和三维空间分析及三维网络分析一起构成了三维 GIS 分析量算应用的核心功能。

7.3 练习一 三维空间查询

7.3.1 实验要求

本实验以"道路扩建影响评估"为应用场景,假设为缓解交通压力,市政府计划把阳和路拓宽为 26 米宽的双向六车道,拟按照"应移尽移"的原则对原道路两侧的树木进行移栽。请通过 GIS 软件实现道路拓宽后的三维模拟显示,并查询统计需要移栽的树木数量。阳和路区域如图 7-24 所示。

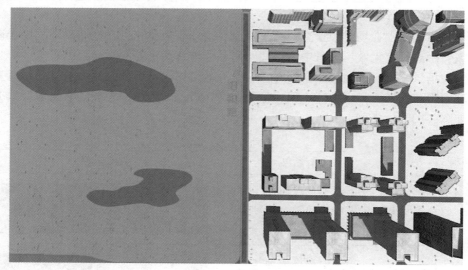

图 7-24 阳和路区域

7.3.2 实验目的

(1)了解地理对象空间关系的常见类型;
(2)掌握基于对象空间关系进行空间查询的方法。

7.3.3 实验环境

SuperMap iDesktop 10.2.1 及以上版本。

7.3.4　实验数据与思路

1. 实验数据

本实验数据采用 data. smwu 与 data. udbx，具体使用的数据明细如表 7-2 所示。

表 7-2　　　　　　　　　　　　　　**数 据 明 细**

数据名称	类型	描　　述
tree	三维点数据集	研究区域的树木点位数据，存储于 data. udbx 中
roadLine	三维线数据集	阳和路中心线，存储于 data. udbx 中
scene	三维场景	研究区域的三维场景，存储于 data. smwu 中

2. 实验思路

执行道路扩建影响评估主要包括以下三个步骤：

(1)基于阳和路中心线，通过 GIS 软件的"三维缓冲区"功能，获得道路扩建后的空间区域。

(2)基于树木点位、道路扩建后的区域，通过 GIS 软件的"三维空间查询"功能，获取需要迁移的树木，以便评估迁移成本。

(3)将道路中心线数据加载到三维场景中，并为图层配置道路的三维线型符号风格。

实验流程如图 7-25 所示。

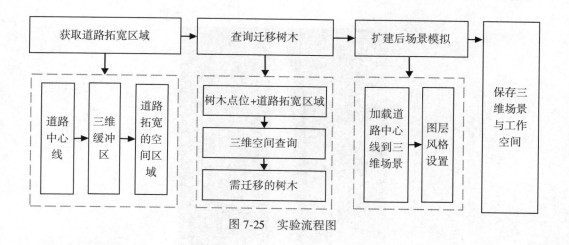

图 7-25　实验流程图

7.3.5　实验过程

1. 获取道路扩建后区域

在 SuperMap iDesktop 软件中打开 data. smwx，在功能区依次点击"空间分析"→"矢量分析"→"缓冲区"→"三维缓冲区"，在弹出的"生成缓冲区"对话框中，选择数据集

"roadLine"，设置缓冲类型为"平头缓冲"，缓冲半径为 13，结果数据的数据集为
"roadBuffer"，其他参数采用默认值，点击"确定"按钮，操作页面如图 7-26 所示。

图 7-26　生成缓冲区

获得结果数据 roadBuffer，即道路扩建后的空间区域，将自动加载到三维场景中，显
示效果如图 7-27 所示。

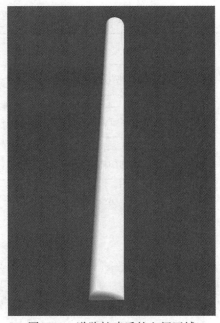

图 7-27　道路扩建后的空间区域

2. 查询迁移树木

在 SuperMap iDesktop 软件的工作空间管理器中，鼠标右键选中 tree 数据集，在右键菜单中选择"添加到当前场景"，显示效果如图 7-28 所示。

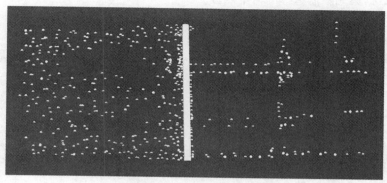

图 7-28　树木点位与道路扩建后区域

在当前场景中，选中道路扩建后的面对象。在功能区中，依次点击"空间分析"→"查询"→"空间查询"→"三维空间查询"，在弹出的"三维空间查询"对话框中，勾选图层"tree@ data"前端的复选框☑，设置空间查询条件为"包含_模型点"，勾选"保存查询结果"，设置查询结果的数据集为"SpatialQuery_tree"，勾选"在属性表中浏览查询结果"，其他参数采用默认值，点击"查询"按钮，如图 7-29 所示。

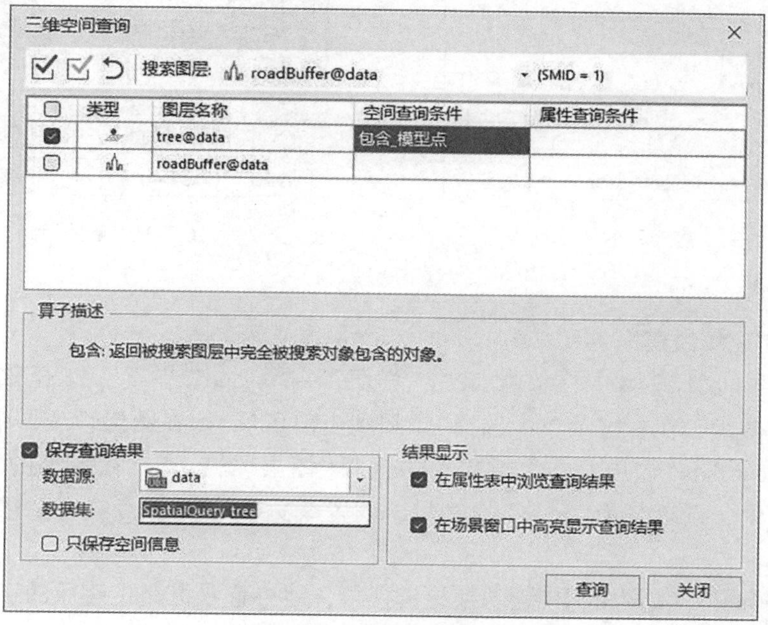

图 7-29　三维空间查询

如图 7-30 所示，将自动弹出属性表，展示查询结果的属性信息，共计 32 条记录，并获得需要迁移的树木点位 SpatialQuery_tree 数据集。

如图 7-31 所示，在自动弹出的属性表中，单击鼠标右键，在右键菜单中选择"删除行"，为 tree 数据集删除需迁移的树木点位。

图 7-30　需迁移的树木列表　　　　　图 7-31　删除行

3. 道路扩建场景模拟

在工作空间管理器中，依次双击"场景"→"scene"节点，打开该场景。选中"roadLine"数据集，在右键菜单中选择"添加到当前场景"。在图层管理器中，鼠标右键选中"roadLine@ data"图层，在右键菜单中选择"图层风格..."，在弹出的"线型符号选择器"对话框中，选择名为"公路"的符号，设置线宽度为 26，点击"确定"按钮，如图 7-32 所示。

在当前场景中，使用鼠标中键切换相机视角，即可查看道路扩建后的三维显示效果，如图 7-33 所示，最后保存工作空间和场景。

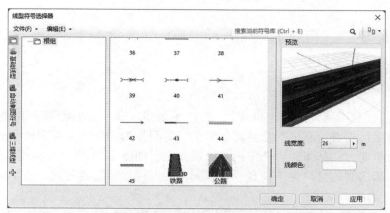

图 7-32　线型符号选择器

图 7-33　三维显示效果

4. 实验结果

本实验数据最终成果为 data. smwu、data. udbx，具体内容如表 7-3 所示。

表 7-3　　　　　　　　　　　　　　　　　成 果 数 据

数据名称	类型	描　　述
SpatialQuery_tree	三维点数据集	道路扩建后，需要迁移的树木点位存储于 data. udbx 中
tree	三维点数据集	道路扩建后，无需迁移的树木点位存储于 data. udbx 中
scene	三维场景	道路扩建的三维显示效果，存储于工作空间文件 data. smwu 中

综上，本实验通过 GIS 软件的"三维缓冲区"和"三维空间查询"等功能，实现阳和路扩建的三维模拟显示，并查询统计出需要移栽的树木数量为 32 棵。

7.4 练习二 可视性分析

7.4.1 实验要求

本实验以"仙宜酒店湖景房定价评估"为应用场景，基于仙宜酒店西南侧新建的两处景观湖泊，酒店计划对所有可观赏到湖面风景的房间作为湖景房重新定价，请通过 GIS 软件的可视性分析能力，基于酒店选定的 4 处观测点，如图 7-34 所示，实现湖景房的判定。判定标准：酒店房间的窗户位于任意一处观测点的可视域范围内即视为湖景房。

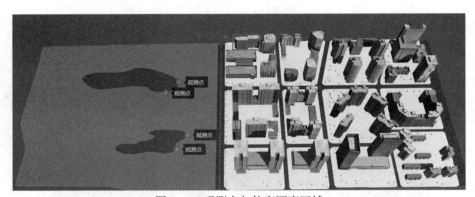

图 7-34　观测点与仙宜酒店区域

仙宜酒店中位于西侧的楼为 A 座，位于东侧的楼为 B 座，房间号按照从西向东，由下至上的顺序排序，如图 7-35 所示。

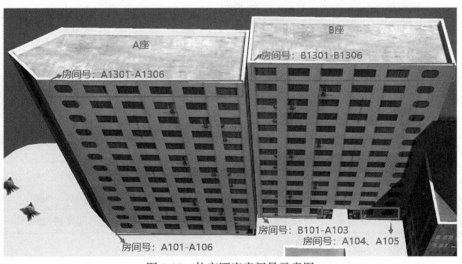

图 7-35　仙宜酒店房间号示意图

7.4.2　实验目的

（1）了解三维 GIS 可视性分析的原理；

（2）熟练运用 GIS 软件，掌握实现可视性分析的方法。

7.4.3　实验环境

SuperMap iDesktop 10.2.1 及以上版本。

7.4.4　实验数据与思路

1. 实验数据

本实验数据采用 data.smwu 与 data.udbx，具体使用的数据明细如表 7-4 所示。

表 7-4　　　　　　　　　　　　　　　　数 据 明 细

数据名称	类型	描　　述
building	模型数据集	研究区域的建筑模型，存储于 data.udbx 中
viewpoint	三维点数据集	酒店选定的 4 处观测点，存储于 data.udbx 中
tree	三维点数据集	研究区域的树木点位数据，存储于 data.udbx 中
roadLine	三维线数据集	阳和路的道路中心线，存储于 data.udbx 中
water	三维面数据集	研究区域的水域数据，存储于 data.udbx 中
scene	三维场景	研究区域的三维场景，存储于 data.smwu 中

2. 实验思路

在仙宜酒店湖景房定价评估应用中，实现湖景房推荐范围分析与验证，主要包括以下两个步骤：

（1）通过 GIS 软件的"可视域分析"功能，依次分析酒店选定的 4 处观测点与仙宜酒店房间的通视性，获得湖景房和普通房间的范围。

（2）从上一步获得的房间范围中，分别抽样选取 1 个推荐的湖景房和普通房间，通过 GIS 软件的"通视分析"功能，验证这 2 个房间与观测点的通视性。

实验流程如图 7-36 所示。

7.4.5　实验过程

1. 分析湖景房范围

在 SuperMap iDesktop 软件中，打开 data.smwx。在工作空间管理器中，依次双击"场景"→"scene"，打开三维场景 scene。鼠标右键选中 viewpoint 数据集，在右键菜单中选择"添加到当前场景"，显示效果如图 7-37 所示。

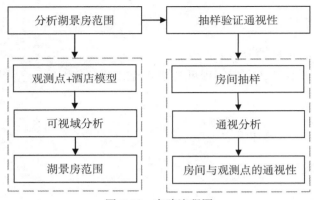

图 7-36　实验流程图

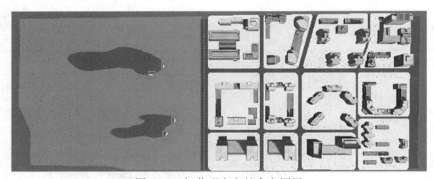

图 7-37　加载观察点的参考图层

在 SuperMap iDesktop 软件的功能区，依次点击"三维分析"→"空间分析"→"可视域分析"，弹出"三维空间分析"面板，鼠标状态自动变为拾取状态。在当前三维窗口中，参照"viewpoint@ data"图层中的点位单击鼠标左键设置起点，参照酒店楼顶东南角位置单击鼠标左键设置终点，进行可视域分析，如图 7-38 所示。

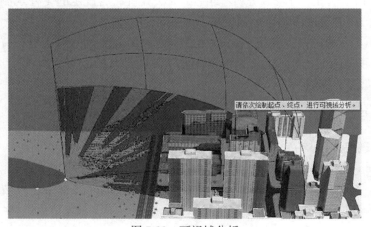

图 7-38　可视域分析

　　通过鼠标交互操作查看分析结果，其中电脑界面上绿色表示可视区域，电脑界面上红色表示不可视区域，基于相互通视的原理，即可获得第 1 个观察点对应的湖景房推荐范围（即绿色区域），如图 7-39 所示。

图 7-39　第 1 个观察点分析结果

　　为了避免多个观察点的分析结果叠加显示，影响分析结果的可读性，在"三维空间分析"面板中，鼠标右键单击"ViewShed_1"节点，删除当前观察点，如图 7-40 所示。

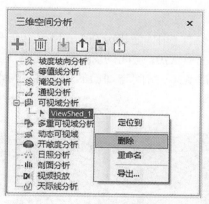

图 7-40　删除当前观察点

　　重复以上操作，依次获取其他 3 个观察点的分析结果，如图 7-41 所示。

　　综合比较 4 个观察点的分析结果，可获得仙宜酒店的湖景房推荐范围，包括 A701、A801、A802 以及 A 座和 B 座 9～13 层楼的所有房间，其中 10～13 层的房间（除 B1001、B1101、B1201、B1301 之外）较好，A701、A802、B1001、B1101、B1201、B1301 和 B 座 9 楼房间次之，1～7 层的房间视野最差。

（a）第 2 个观察点分析结果　　　　（b）第 3 个观察点分析结果

（c）第 4 个观察点分析结果

图 7-41　其他观察点的可视域分析结果

2. 抽样验证通视性

　　在"三维空间分析"面板中，选中"通视分析"节点，点击 ➕ 按钮，鼠标自动变为拾取状态。在当前三维窗口中，选择 A701 房间的窗户作为观察点，分别选择 2 个湖面的任意一点作为被观察点，即可验证 A701 房间与湖面的通视性，绿色表示通视，红色表示不通视，如图 7-42 所示。

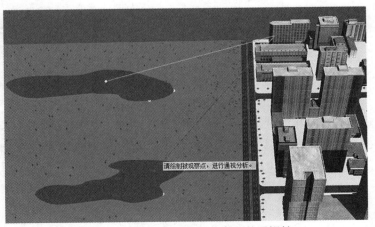

图 7-42　验证 A701 房间与湖面的通视性

重复以上操作，选择 B701 房间的窗户作为观察点，分别选择 2 个湖面的任意一点作为被观察点，验证 B701 房间与湖面的通视性，验证结果如图 7-43 所示。

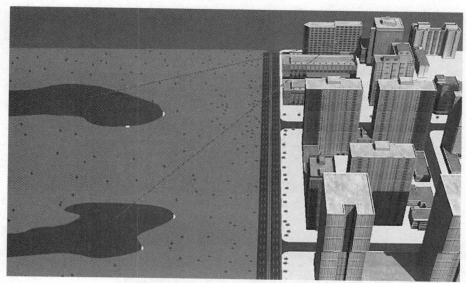

图 7-43　验证 B701 房间与湖面的通视性

综上，针对抽样房间进行通视分析的验证结果与可视域分析的分析结果是一致的。

3. 实验结果

本实验通过 GIS 软件的"可视域分析"和"通视分析"功能，获得仙宜酒店房间与湖面可视性的评估结果如表 7-5 所示。

表 7-5　　　　　　　　仙宜酒店房间与湖面可视性分析评估

房间号	房间类型	房间与湖面通视性
A 座与 B 座 10～13 层的房间（除 B1001、B1101、B1201、B1301 之外）	湖景房	可通视，可看到 2 个湖面的大部分区域，湖面视野范围较大
A701、 A802、 B1001、 B1101、 B1201、B1301 和 B 座 9 楼的房间	湖景房	可通视，可看到其中 1 个湖面的大部分区域和另 1 个湖面的局部区域，湖面视野较小
A 座与 B 座 1~7 层的房间（除 A701 之外）	普通房间	不可通视

7.5　练习三　三维网络分析

7.5.1　实验要求

本实验以"园区火灾模拟，消防车演习"为应用场景，假设仙宜酒店发生火灾，请利用 GIS 软件的网络分析能力，为消防站提供出警路线规划。酒店与消防站概览图如图 7-44 所示。

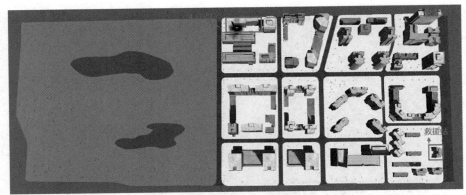

图 7-44 酒店与消防站概览图

7.5.2 实验目的

(1) 了解三维网络分析的原理；
(2) 掌握三维 GIS 路径规划的实现方法。

7.5.3 实验环境

SuperMap iDesktop 10.2.1 及以上版本。

7.5.4 实验数据与思路

1. 实验数据

本实验数据采用 data. smwu、data. udbx 与 model 文件夹，具体使用的数据明细如表7-6 所示。

表 7-6 数 据 明 细

数据名称	类型	描 述
building	模型数据集	研究区域的建筑模型，存储于 data. udbx 中
road	三维线数据集	研究区域的道路中心线，存储于 data. udbx 中
Particle	CAD 数据集	模拟仙宜酒店火灾现场的粒子特效，存储于 data. udbx 中
scene	三维场景	研究区域的三维场景，存储于 data. smwu 中
model	文件夹	消防车的模型数据及其纹理文件

2. 实验思路

在"园区火灾模拟，消防车演习"应用中，实现消防站出警路线规划主要包括以下三个步骤：

（1）基于道路中心线，通过 GIS 软件的"构建三维网络"功能，获得道路的网络数据集。

（2）基于道路的网络数据集，通过 GIS 软件的"最佳路径分析"功能，获取消防站到仙宜酒店的最短路径。

（3）基于消防车模型数据与出警路径，通过 GIS 软件的"行驶导引"功能，实现消防车出警行驶模拟。

实验流程如图 7-45 所示。

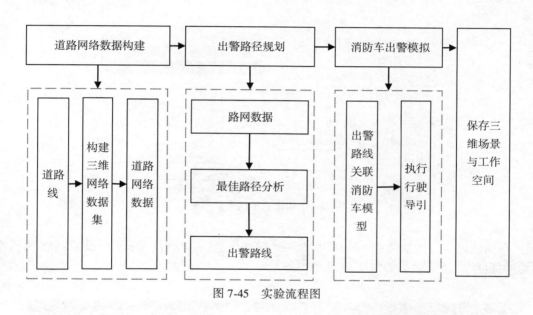

图 7-45　实验流程图

7.5.5　实验实施

1. 道路网络数据构建

在 SuperMap iDesktop 软件中，打开 data.smwu。在软件的功能区，依次点击"交通分析"→"路网分析"→"拓扑构网"→"构建三维网络"。在弹出的"构建三维网络数据集"对话框中，设置节点数据的数据集为空，弧段数据的数据集为"road"数据集，结果设置的数据集为"roadNetwork"，其他参数采用默认值，点击"确定"按钮，如图 7-46 所示。

说明：在构建网络数据集之前，通常需要对参与构网的数据集进行拓扑检查与修复，以排除不符合拓扑规则的对象，保证数据质量。本实验中，假设采用的道路中心线"road"已完成数据质量检查与处理。

2. 出警路径规划

在 SuperMap iDesktop 软件的工作空间管理器中，依次双击"场景"→"scene"，打开三维场景。鼠标右键选中 roadNetwork 数据集，在右键菜单中选择"添加到当前场景"。在图层管理器中，按住 Ctrl 键的同时选中"roadNetwork@data"和"roadNetwork_Node@data"图

图 7-46　构建三维网络数据集

层。在功能区中，依次点击"风格设置"→"拉伸设置"→"高度模式"，设置高度模式为"绝对高度"，显示效果如图 7-47 所示。

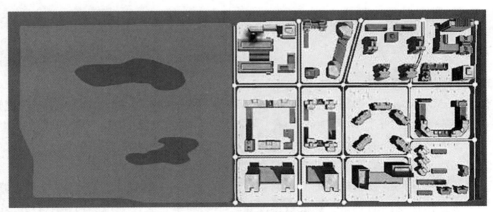

图 7-47　加载道路网络数据

在功能区中，依次点击"交通分析"→"路网分析"→"最佳路径"，自动弹出"环境设置"和"实例管理"对话框，并且鼠标自动变为拾取状态。在当前三维窗口中，依次单击添加消防站和仙宜酒店位置作为网络分析的站点 1 和站点 2，如图 7-48 所示。

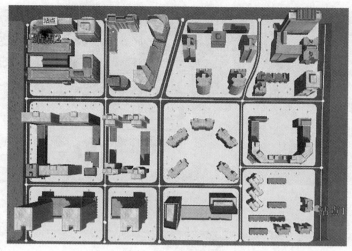

图 7-48　添加站点

在"环境设置"对话框中，采用默认参数设置。在"实例管理"对话框中，点击▶按钮，如图 7-49 所示。

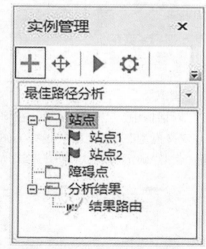

图 7-49　环境设置与实例管理面板

说明：在"环境设置"对话框中，正向/反向权重字段均采用默认的 SmLength 字段，即存储几何对象长度的系统字段，将其作为消防车出警路径规划的耗费字段。

如图 7-50 所示，在当前三维场景中，将自动加载最佳路径分析的结果路由数据，即站点 1（消防站）到站点 2（仙宜酒店）的最短路径。

在"实例管理"对话框中，鼠标右键点击"结果路由"节点，在右键菜单中选择"保存为数据集"，在弹出的"保存为数据集"对话框中，设置数据集为"path"，点击"确定"按钮，如图 7-51 所示。

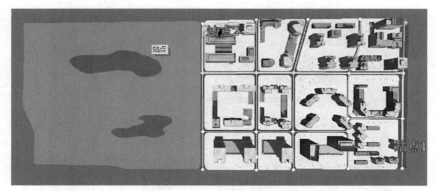

图 7-50　结果路由显示效果

图 7-51　环境设置与示例管理面板

3. 消防车出警模拟

在"实例管理"对话框中，点击 ⚌ 按钮，在弹出的"播放参数设置"中，选择模型设置的播放模型为"自定义模型"，模型路径选择 model 文件夹中的 firetruck.SGM 文件，其他参数采用默认值，点击"确定"按钮，如图 7-52 所示。

图 7-52　播放参数设置

在"实例管理"对话框中，点击 ⊙ 按钮，在当前场景中，使用鼠标中键切换相机视角，即可查看消防车出警的三维显示效果，如图 7-53 所示。

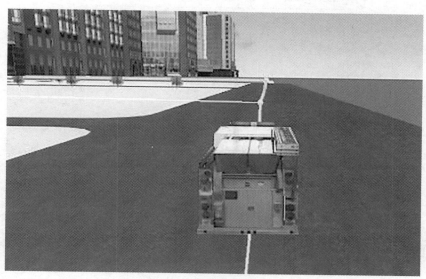

图 7-53　消防车出警的三维显示效果

在"实例管理"对话框中，鼠标右键点击"结果路由"节点，在右键菜单中选择"保存为动画模型…"，在弹出的"保存为动画模型…"对话框中，设置文件名为"Pathguide. kml"，点击"保存"按钮，如图 7-54 所示。

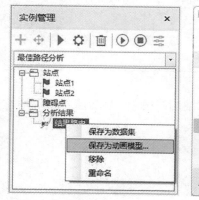
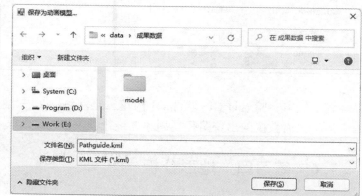

图 7-54　保存为动画模型

4. 成果保存

在工作空间管理器中，鼠标右键单击"data"工作空间节点，在右键菜单中选择"保存工作空间"，在弹出的"保存"对话框中，采用默认参数，点击"保存"按钮，如图 7-55 所示。

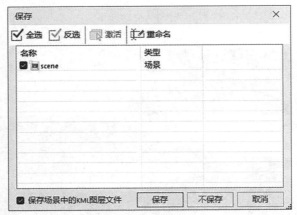

图 7-55　成果保存

5. 实验结果

本实验数据最终成果为 data. smwu、data. udbx 和 Pathguide. kml，具体内容如表 7-7 所示。

表 7-7　　　　　　　　　　　　　　　　　**成 果 数 据**

数据名称	类型	描　　　　述
path	三维线数据集	最佳路径分析结果，即从消防站到仙宜酒店的最短出警路线，存储于 data. udbx 中
Pathguide. kml	KML 文件	最佳路径分析结果，即从消防站到仙宜酒店的消防车出警行驶模拟
scene	三维场景	仙宜酒店消防灭火救援的三维显示效果，存储于工作空间文件 data. smwu 中

综上，本实验通过 GIS 软件的"构建三维网络"和"三维网络分析"等功能，实现仙宜酒店消防灭火救援的出警路径规划和三维行驶模拟。

7.6　练习四　地形分析

7.6.1　实验要求

本实验以"某水库库区地形特征研究"为应用场景，基于水库地形数据，通过 GIS 软件的空间分析能力，计算地形的起伏度，按照起伏度划分不同等级统计分布面积，并通过三维坡度坡向分析辅助观察地形特征。具体要求如下：

（1）假设 45×45 网格（1.82km²）为最佳统计单元，要求计算研究区域的地形起伏度。

（2）根据中国 1 : 100 万数字地貌制图规范，我国的基本地貌可按照地形起伏度划分为 7 个等级，即平原（<30m）、台地（30 ~ 70m）、丘陵（70 ~ 200m）、小起伏山地（200 ~ 500m）、中起伏山地（500 ~ 1000m）、大起伏山地（1000 ~ 2500m）和极大起伏山地（>2500m），请结合实际情况对某水库库区进行地形起伏度分级，并计算该研究区域中起伏度等级分布面积。

（3）基于数字高程模型（DEM）数据实现地形的三维展示，并在三维场景中显示地形的坡度坡向，辅助观察地形特征。

7.6.2　实验目的

（1）了解数字高程模型数据在地形特征研究中的应用；

（2）了解数字高程模型数据立体显示的原理和方法；

（3）掌握基于数字高程模型数据实现地形特征分析的方法；

（4）运用 GIS 地形特征分析方法，了解祖国和家乡地理环境，培养学生的家国情怀。

7.6.3　实验环境

SuperMap iDesktop 10.2.1 及以上版本。

7.6.4　实验数据与思路

1. 实验数据

本实验数据采用 data.udbx，具体使用的数据明细如表 7-8 所示。

表 7-8 数 据 明 细

数据名称	类型	描　　述
DatasetDEM	栅格数据集	某水库库区的地形数据，存储于 data.udbx 中

2. 实验思路

基于某水库库区地形数据进行地形特征研究，主要包括以下四个步骤：

（1）基于地形数据，通过 GIS 软件的"邻域统计"和"代数运算"功能计算研究区域的地形起伏度。

（2）基于地形起伏度的计算结果，使用 GIS 软件中的"栅格重分级""栅格矢量化"和"汇总字段"功能，对某水库库区地形起伏度分级，并将研究区域中起伏等级区域的矢量面提取出来，统计不同等级的分布面积，以便开展地形起伏度评估。

（3）将地形数据和"天地图"的影像图层加载到三维场景中，实现研究区域地形的三维显示。

（4）通过 GIS 软件的"坡度坡向分析"，将坡度坡向信息渲染到三维场景中的地形数据上，用由蓝到红的渐变色表达，辅助观察地形特征。

实验流程如图 7-56 所示。

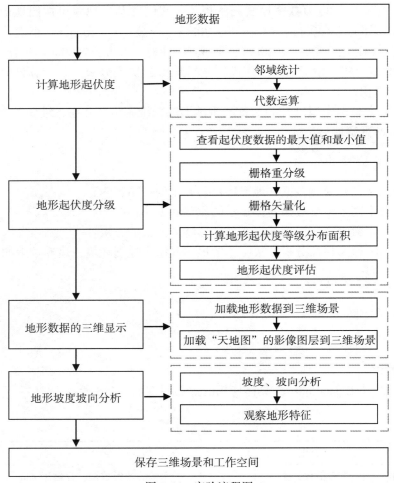

图 7-56　实验流程图

7.6.5　实验过程

1. 计算地形起伏度

1）邻域统计

在 SuperMap iDesktop 软件中，打开 data. udbx。在功能区中，依次点击"空间分析"→"栅格分析"→"栅格统计"→"邻域统计"。在弹出的"邻域统计"对话框中，设置源数据中的数据集为"DatasetDEM"，统计模式为"最小值"，宽度和高度为 45×45，结果设置中的数据集命名为"Neighbour_Min"，点击"确定"按钮，获得指定区域内栅格像元值的最小值，如图 7-57 所示。

重复以上操作，设置源数据中的数据集为"DatasetDEM"，统计模式为"最大值"，宽度和高度为 45×45，结果设置中的数据集命名为"Neighbour_Max"，点击"确定"按钮，获得指定区域内栅格像元值的最大值，如图 7-58 所示。

（a）参数设置　　　　　　　　　　　（b）邻域统计结果

图 7-57　邻域统计（最小值）

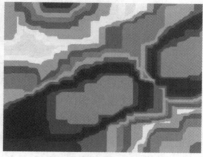

（a）参数设置　　　　　　　　　　　（b）邻域统计结果

图 7-58　邻域统计（最大值）

2）代数运算

在功能区中，依次点击"数据"→"数据处理"→"栅格"→"代数运算"。在弹出的"栅格代数运算"对话框中，输入"［data. Neighbour_Max］-［data. Neighbour_Min］"，其他参数采用默认值，点击"确定"按钮，如图 7-59 所示。获得地形起伏度数据 MathAnalystResult，如图 7-60 所示。

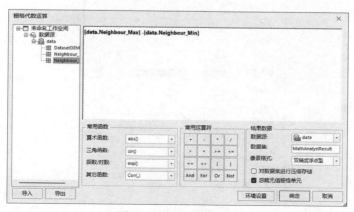

图 7-59　栅格代数运算

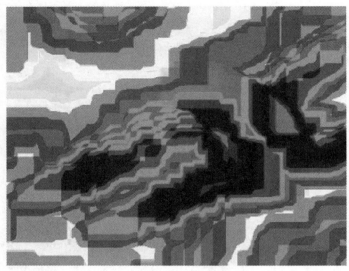

图 7-60　栅格代数运算结果

2. 地形起伏度分级

1）查看起伏度数据的最大值和最小值

在工作空间管理器中，右键单击"MathAnalystResult"数据集，在右键菜单中选择"属性"。在弹出的"属性"面板中，选择"栅格"选项卡，查看最大值和最小值，分别为 1201. 14367675781 和 0，如图 7-61 所示。

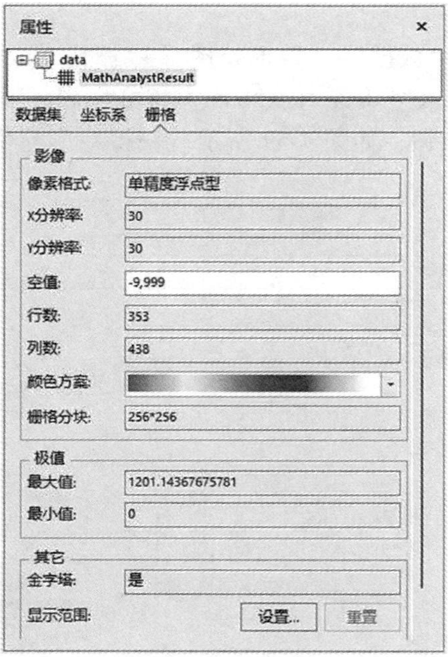

图 7-61　数据集属性

2）栅格重分级

在功能区中，依次点击"数据"→"数据处理"→"栅格"→"栅格重分级"。在弹出的"栅格重分级"对话框中，在段值列表中双击第 10 段的段值下限单元格，修改为 1000，目标值修改为 6；按住 Shift 键的同时选中第 5 至第 9 段，点击回按钮进行合并，合并后段值下限修改为 500；依次类推，通过类似的操作，最终将段值分为 6 段，分别为（0—30）、（30—70）、（70—200）、（200—500）、（500—1000）、（1000—1201.143678），对应的目标值依次为 1、2、3、4、5、6；设置源数据的数据集为"MathAnalystResult"，其他参数采用默认值，点击"确定"按钮，如图 7-62 所示。获得地形起伏度等级划分结果"ReclassResult"数据集，如图 7-63 所示。

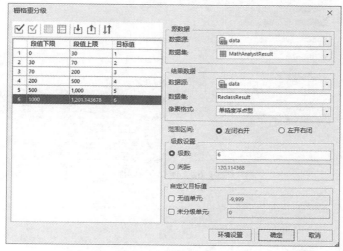

图 7-62　栅格重分级

图 7-63　栅格重分级结果

3）栅格矢量化

在功能区中，依次点击"空间分析"→"栅格分析"→"矢栅转换"→"栅格矢量化"。在弹出的"栅格矢量化"对话框中，选择源数据的数据集为"ReclassResult"，其他参数采用默认值，点击"确定"按钮，如图 7-64 所示。获得地形起伏度等级区域矢量面"VectorizeResult"数据集，如图 7-65 所示。

图 7-64　栅格矢量化

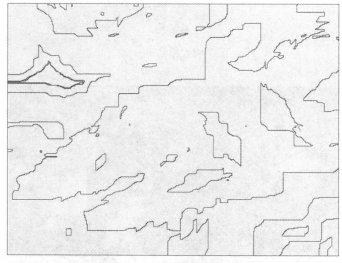

图 7-65　栅格矢量化结果

4）计算地形起伏度等级分布面积

在工作空间管理器中，鼠标右键单击"VectorizeResult"数据集，在右键菜单中选择"浏览属性表"。在功能区中，依次点击"属性表"→"统计分析"→"汇总字段"。在弹出的"汇总字段"对话框中，选择源数据的分组字段为"value"，在汇总字段列表中，勾选"SmArea"字段，设置统计类型为"总和"，其他参数采用默认值，最后点击"确定"按钮，如图 7-66 所示。获得地形起伏度等级区域面积统计结果"VectorizeResult_Statistics"数据集，如图 7-67 所示。

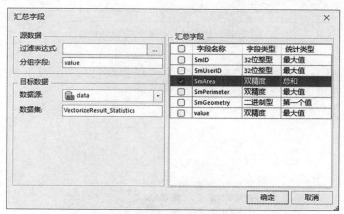

图 7-66　汇总字段

序号	SmID	SmUserID	value	Statistic_Count	User_SmArea_...
1	1	0	1	1	762,300
2	2	0	2	44	162,900
3	3	0	3	6	2,811,600
4	4	0	4	19	49,128,300
5	5	0	5	12	52,685,100
6	6	0	6	6	4,021,200

图 7-67　汇总字段结果

5）地形起伏度评估

根据中国 1∶100 万数字地貌制图规范，由起伏度数据最大值、等级区域面积统计结果可知，研究区域指定范围内地形最大高差为 1201.14367675781 米，共有 6 个起伏度等级，依次为平原（<30m）、台地（30~70m）、丘陵（70~200m）、小起伏山地（200~500m）、中起伏山地（500~1000m）和大起伏山地（1000~2500m）；其中，等级值为 5 的中起伏山地所占面积最大，等级值为 4 的小起伏山地次之，其次为大起伏山地、丘陵和平原，台地面积最小；整体来看，地势险峻，以山地为主。

3. 地形数据的三维显示

1）加载 DEM

在工作空间管理器中，鼠标右键单击 DatasetDEM 数据集，在右键菜单中选择"添加到新球面场景"。在弹出的对话框中，勾选"将数据集'DatasetDEM@data'作为地形加载"和"将数据集'DatasetDEM@data'作为影像加载"，点击"确定"按钮，如图 7-68 所示。

243

图 7-68　加载 DEM 弹出的对话框

在功能区中，依次点击"场景"→"属性"→"场景属性"。在弹出的"场景属性"面板中，勾选"TIN 地形裙边"，如图 7-69 所示。

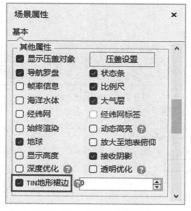

图 7-69　设置场景属性

在图层管理器中，鼠标右键单击"DatasetDEM@ data"图层，在右键菜单中选择"快速定位到本图层"。使用鼠标中键切换相机视角，即可查看地形起伏，如图 7-70 所示。

图 7-70　查看地形起伏

2）加载"天地图"影像图层

在 SuperMap iDesktop 软件的功能区，依次点击"场景"→"数据"→"在线地图"→"天地图"。在弹出的"打开天地图服务图层"对话框中，已提供"天地图"影像图层的服务地址和图层名称等参数，采用默认设置，点击"确定"按钮，如图 7-71 所示。

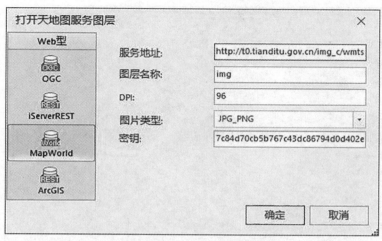

图 7-71 打开天地图服务图层

说明：需保证网络环境为可用状态，才可成功加载"天地图"服务图层。

在三维场景窗口中，通过鼠标交互操作切换相机视角，可观察研究区域内的地形起伏，如图 7-72 所示。在当前三维场景中目视观察的结果，结合上文的地形起伏度评估结果，可知研究区域所在地以山地为主，且地形起伏度较大，两者结论吻合。

图 7-72 三维场景

4. 地形坡度坡向分析

1) 坡度坡向分析

在功能区中，依次点击"三维分析"→"空间分析"→"坡度坡向分析"，在弹出的"三维空间分析"面板中，鼠标状态自动变为拾取状态。在当前三维窗口中，参照研究区域的范围，单击鼠标左键绘制坡度、坡向分析的范围，单击鼠标右键结束绘制，即可实现坡度坡向分析，如图 7-73 所示。

图 7-73　绘制坡度、坡向分析范围

在"三维空间分析"面板中，设置显示模式为"坡度与坡向"，其他参数采用默认值，实时显示分析结果，如图 7-74 所示。

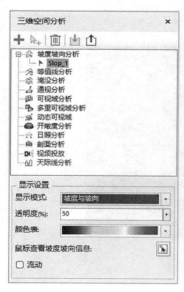

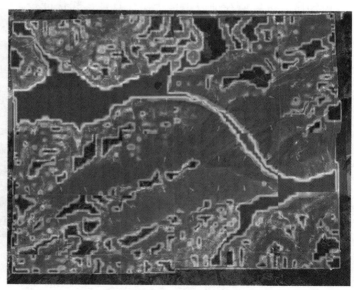

图 7-74　坡度、坡向分析

说明：默认颜色表为蓝色到红色的渐变，颜色偏蓝色表示坡度值偏小，颜色偏红色表示坡度值偏大。

2）观察地形特征

在"三维空间分析"面板中，点击 按钮。在当前三维窗口中，通过鼠标交互操作切换相机视角，并自动读取鼠标所在位置的坡度、坡向信息，以观察研究区域内的地形特征，如图 7-75 所示。

图 7-75　读取坡度、坡向信息

在三维场景窗口中，通过移动鼠标查看坡度、坡向分析结果，可知研究区域内的地势陡峭，只有局部区域（蓝色）坡度为 1° 以下，大部分区域（橙色）坡度为 80° 以上，尤其研究区域两岸的山势险峻，岸边的坡度值基本为 85° 以上，如图 7-76 所示。

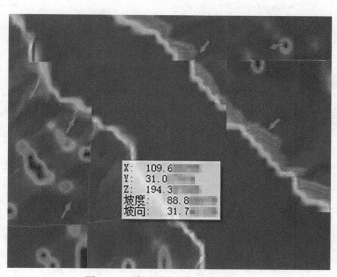

图 7-76　岸边的坡度、坡向信息

3）成果保存

在三维场景窗口中，鼠标右键选择"保存场景"。在弹出的"场景另存为"对话框中，设置场景名称为"Reservior"，点击"确定"按钮，如图 7-77 所示。

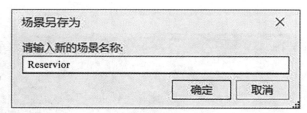

图 7-77　保存三维场景

在工作空间管理器中，鼠标右键单击"未命名工作空间"节点，选择"保存工作空间"。在弹出的"保存工作空间为"对话框中，选择成果数据保存目录，并设置工作空间名称为"Reservior"，点击"保存"按钮。

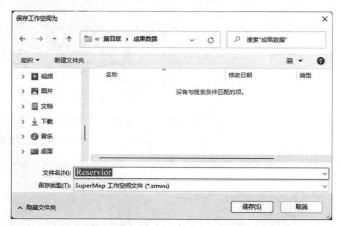

图 7-78　保存工作空间

5. 实验结果

本实验数据最终成果为 Reservior. smwu 和 data. udbx，具体内容如表 7-9 所示。

表 7-9　　　　　　　　　　　　　　　　成 果 数 据

数据名称	类型	描　　述
MathAnalystResult	栅格数据集	研究区域的地形起伏度数据，存储于数据源文件 data. udbx 中
ReclassResult	栅格数据集	地形起伏度等级划分数据，存储于数据源文件 data. udbx 中
VectorizeResult	面数据集	研究区域中 6 个地形起伏度等级对应的矢量面，存储于数据源文件 data. udbx 中

数据名称	类型	描 述
VectorizeResult_Statistics	纯属性数据集	地形起伏度等级划分面积统计数据,存储于数据源文件 data. udbx 中
Reservior	三维场景	包含地形数据和"天地图"影像图层,存储于工作空间文件 Reservior. smwu 中

综上,本实验通过 GIS 软件的三维可视化能力,基于数字高程模型的地形数据,结合"天地图"影像图层,得到研究区域地形起伏的立体显示效果;并通过 GIS 软件的栅格分析和三维分析工具,分析研究区域地形起伏度、坡度、坡向等地形特征。

问题思考与练习

(1)练习一中基于树木点位实现迁移树木的查询,若树木数据为三维模型数据集,能否实现三维空间查询?

(2)练习二中能否通过 GIS 软件分析获取遮挡普通房间视野的障碍物?如果可以,请简要描述实现思路。

(3)练习二中能否将可视域分析的分析结果(如可视区域)保存下来?如果可以,请简要描述实现思路。

(4)练习三中采用道路的网络数据集进行路径分析时,能否添加交通规则的约束?如果可以,请简述实现思路。

(5)练习四中的地形起伏度计算包含了长江水域,若需要去掉水域地形的影响,还需要哪些数据?如何实现?

(6)请将练习四中地形起伏度等级最大的两个区域矢量面,加载到三维场景 Reservior 中,便于观察起伏度分布。

第 7 章实验操作视频

第 7 章实验数据

第8章 三维 GIS 综合应用

8.1 学习目标

了解三维 GIS 的广泛应用领域，通过实验学习掌握三维 GIS 在城市设计以及地下管网管理中的应用方向与技术方法，拓展学生利用三维分析方法解决空间分析问题的能力。结合实景三维中国建设需求，引导学生结合国家政策思考三维 GIS 实施思路和开展实践服务的能力。

8.2 三维 GIS 应用概述

新一代三维 GIS 技术广泛应用于政府和行业的信息化建设，不仅推动了倾斜摄影数据、BIM 数据等在测绘、规划、智慧城市等领域的广泛应用，而且开拓了建筑、桥梁、隧道、大坝等大型工程应用领域。概括来说，三维 GIS 应用主要涉及大场景三维、城市三维以及室内及地下三维等。三种场景下的典型应用案例如图 8-1 所示。

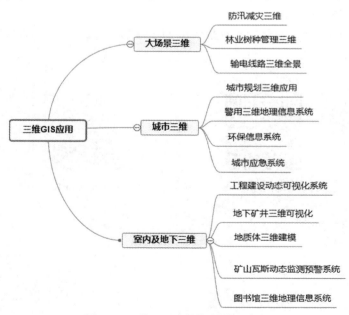

图 8-1 三维 GIS 应用场景典型案例

以城市设计、水电工程以及国土空间规划为例,介绍三维 GIS 在这些领域中的应用思路和技术。

8.2.1　城市设计三维应用

近年来,GIS 三维应用在规划信息化过程中发挥着越来越重要的作用。随着城市信息化建设步伐的加快,三维 GIS 可以实现基于一个立体城市的信息管理、表达和决策分析应用,因而在规划设计、规划业务管理、规划方案评审等方面发挥着越来越重要的作用。

通过汇集全域多源异构大数据(见图 8-2),可以构建同步规划、同步更新的"数字孪生"城市。

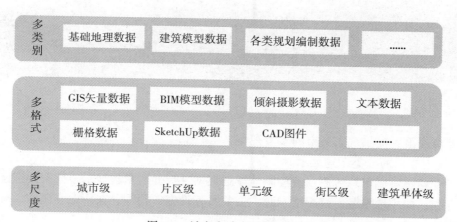

图 8-2　城市全域多源异构数据

与传统的城市设计导则相比,城市设计数字化平台有三大特性:①谱系化是将三维城市空间分解为标准化、类型化、层级化的基本要素,并按规定格式将这些要素绘制成按类编制的对象集合,如图 8-3 所示;②规则化是对所有地块的城市设计,结合谱系要素分类,对建筑、道路、开放空间、风貌视廊等提出明确定性的城市设计规则,并转译为计算机代码,录入数字化平台;③智能化是进行智能化的分析和模拟,例如城市天际线的生成、方案的智能化比选、方案报批的智能审查等。

城市设计数字化系统提供统一的空间基础,将城市设计成果及相关的多源空间数据进行融合,清晰表达设计意图,能够为设计单位、规划管理部门、城市决策者提供统一的参考。

(1)全域二维和三维数据查看、查询,实现数据的集中共享和统一管理。

360°全方位地查看坐标统一、尺度吻合的各类基础地理、规划编制等数据,并且可以对任意城市要素进行属性查询,轻松获取建筑高度、用地性质和用地面积等基础信息。同时,还能将项目范围内的各类二维和三维数据一键导出,为规划业务人员提供统一的工作底板,大大节省了数据搜集、整合的时间。

(2)城市三维空间的沉浸式体验,提供感知、审视城市的全新视角。

可以自由设定路线,模拟在城市街道上行走或在高空俯视的情境,进行城市漫游。为

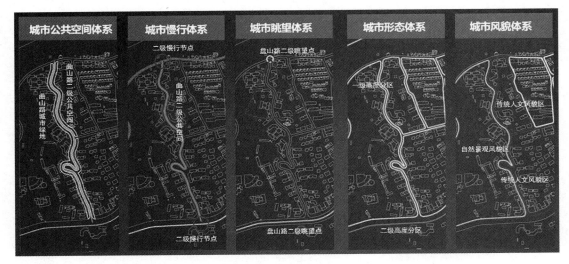

图 8-3　谱系化

公众、城市决策者提供观察城市的多重视角。

（3）规划成果的分类专题显示。

通过专题图对城市总体规划及控制性详细规划进行分类专题显示。控制性详细规划包含多个专题，如用地专题、容积率专题、公共服务设施专题等。在用地专题中，针对具体的规划用地，可以查询到其规划的经济技术指标，也可以看到具体地块上落地的城市建设项目；在公共服务设施专题中，可以看到各个立体化的公共服务设施的行政区域和服务半径。此时的规划成果不再是墙上挂的图纸，而是更加形象更好理解的应用，可以真正指导城市规划管理建设。

（4）丰富的空间分析计算工具，可以进一步挖掘海量城市数据，发现城市需求。

基于二三维一体化技术，利用多种数据模型，主要包括二维点线面、三维点线面、三维体、体元栅格等，构建规则库如建筑控制高度、小区开口方向、禁止开口区域等；最后，将三维规则库应用到具体的规划方案评审、方案比对中，选择符合城市规划及城市设计要求的方案以及决策。

（5）建筑设计方案智能审查。

基于规范化的城市管控规则，建立一套规则判定算法模型，对建筑方案进行自动化精细审查。除了可以审查二维空间上的指标，包括基底面积、退线距离、建筑贴线率等，还涵盖了丰富的三维空间管控内容，比如建筑高度、建筑错落度和屋顶形式等。在三维场景中，还可以进行建筑模型与审查规则及结果的自动定位和联动查看。

8.2.2　水电工程三维应用

1）GIS 与 BIM 模型的高效融合

BIM 模型压缩技术与轻量化技术，海量三维地理信息与精细化 BIM 模型的高效融合技术,可实现对水电站设计 BIM 模型的优化,以便更好地与三维 GIS 平台融合并展示,实现 TB 量级的地理信息数据和精细至设备零部件的 BIM 模型高效融合,三维浏览响应时间短、浏览帧率高。图 8-4 显示了某河流两河口枢纽工程设计模型。图 8-5 展示了一级机电 56 万个三维模型对象的 BIM 模型与地理信息数据高效融合效果。图 8-6 展示了 TB 级高精度流域 DEM 数据和影像数据的融合显示。

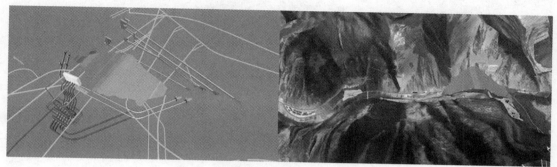

图 8-4 某河流两河口枢纽工程设计模型

图 8-5 一级机电 56 万个三维模型对象

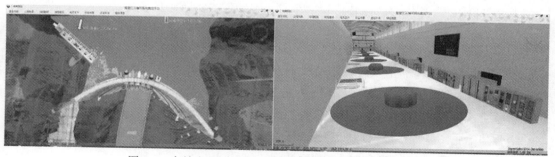

图 8-6 高精度流域 DEM 数据和影像数据(TB 级数据量)

2)BIM 模型和三维地形的精确匹配

由于地形数据的时效性,电站的建设破坏了之前的地面形态,设计模型导入 GIS 平台后与原来的地形不匹配,导致模型和地形之间存在裂缝或者漏洞等问题。根据模型修改地形，可实现在地球曲率影响下的模型和地形精确匹配，满足水电企业建设、运营、管理对数据的精度需求。某河流水电工程三维 GIS 平台中对模型数据和地形数据的精确匹配效果如图 8-7 所示。

图 8-7　模型和地形数据的精确匹配效果

8.2.3　国土空间规划三维应用

国土空间规划是国家空间发展的指南、可持续发展的空间蓝图，是各类开发保护建设活动的基本依据[3]。地形地貌以及矢量数据为国土空间规划提供了良好的数据基础，但国土空间规划需要三维实景地理信息的多维度空间分析。部分高级分析功能，如日照分析、地质分析和链路连通性分析等只能在三维 GIS 中实现。

基于三调"底数底图"摸清国土空间现状，三维 GIS 根据 DEM 和遥感影像数据还原三维真实场景模型。利用基于建筑框图数据参数化建模的"白模"建模成果以及倾斜摄影或人工建模等根据应用需求尽可能地还原现实环境，形成三维国土空间规划三维实景"一张图"[4]。

国土空间规划"双评价"由资源承载力评价和国土空间开发适宜性评价构成[5]，"双评价"各个环节需要借助大量的空间分析功能。基于三维场景可完成地形、坡度等要素分析，通过引入高程维度，使得分析结果更加科学。在耕地坡度等级分析中，生成三维坡度图并结合基础底图叠加生成耕地坡度分级图，从而可对不同坡度级的耕地面积进行量算、统计和分析，并通过三维 GIS 进行直观表达[6]，如图 8-8 所示。

在现实世界中，高度、遮挡物对链路的影响非常大，传统的二维分析不能实现真实环境的链路连通性分析，三维场景下的链路连通性分析如图 8-9 所示[6]，从而实现点对点和点对多点链路的规划对于固定无线接入、微波回程等尤为必要。

图 8-8　耕地坡度分析

图 8-9　三维环境下的链路连通性分析

综上，三维 GIS 在整个国土空间规划中能发挥了多源数据集成、直观可视化及多维度分析的优势[6]。

8.3　练习一　三维 GIS 在城市设计中的应用

8.3.1　实验要求

本实验以"城市住宅区的规划检查与修改"为应用场景，借助三维 GIS 的空间数据编辑、分析、可视化等功能，实现沿街建筑退线检查以及住宅区消防通道合规性检查与修改。具体要求如下：

（1）建筑设计要求：该住宅区的建筑高度≤80m，同时沿街建筑的退线要求符合如表 8-1 所示的条例规定。

表 8-1   沿街建筑的退线要求

建筑高度/m	后退距离/m		
	城市主干道	城市次干道	城市支道路、小区道路
$H<24m$	8	5	3
$60m>H\geqslant24m$	10	8	5
$100m>H\geqslant60m$	15	12	6
$H\geqslant100m$	综合考虑安全及城市设计等要求，合理确定建筑退让距离		

注：本实验的住宅区周边的道路如图 8-10 所示。

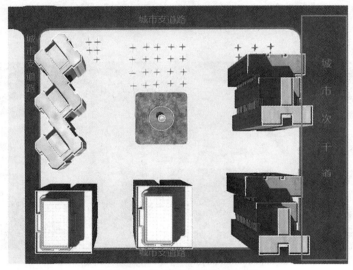

图 8-10   地块周边道路示意图

（2）消防车道的设计要求：①消防车道靠建筑外墙一侧的边缘与建筑外墙的距离不小于 5m；②消防车道的净宽度和净空高度均不应小于 4m。

（3）通过 GIS 软件的空间数据编辑能力，对上述不符合要求的建筑设计方案进行调整，并展示调整后的建筑设计方案三维效果图。

8.3.2   实验目的

（1）了解三维 GIS 在城市设计中的应用方向；

（2）熟练掌握三维 GIS 的空间编辑、处理、查询与三维可视化的常用功能。

8.3.3   实验环境

SuperMap iDesktop 10.2.1 及以上版本。

8.3.4　实验数据与思路

1. 实验数据

本实验数据采用 data. smwu 和 data. udbx，具体使用的数据明细如表 8-2 所示。

表 8-2　　　　　　　　　　　　　　　　数　据　明　细

数据名称	类型	描　述
building	模型数据集	研究区域的建筑模型，存储于 data. udbx 中
tree	三维点数据集	研究区域的树木点位数据，存储于 data. udbx 中
redline	线数据集	研究区域的道路红线，存储于 data. udbx 中
roadRegion	面数据集	研究区域的道路面，存储于 data. udbx 中
neighbourhood	面数据集	研究区域的建筑地块，存储于 data. udbx 中
firePath	面数据集	规划地块的消防车道，假设消防车道的路面为平面，高程为 0 米，存储于 data. udbx 中
greenGround	模型数据集	规划地块的绿地，存储于 data. udbx 中
buildingDesign	模型数据集	规划地块的建筑设计模型，其属性表中包含建筑高度字段（Height），存储于 data. udbx 中
scene	三维场景	展示建筑设计方案的三维场景，存储于 data. smwu 中

2. 实验思路

实现住宅区建筑设计规划的检查与修改主要包括以下四个步骤：

（1）基于建筑高度字段，通过 GIS 软件的"浏览属性表"和"降序"功能，查看该地块建筑高度最大值，判断是否满足建筑高度要求。

（2）基于建筑高度字段和道路红线数据，使用 GIS 软件中的"生成缓冲区""线性拉伸"和"三维空间查询"功能，获得建筑退线的三维空间范围，查找不满足退线要求的沿街建筑。

（3）基于消防通道设计模型，使用 GIS 软件中的"生成缓冲区""线性拉伸""三维空间查询"功能和量算工具，判断消防车道设计是否满足规范要求。

（4）通过 GIS 软件的模型编辑和三维可视化能力，对不满足退线要求和消防车道设计要求的建筑进行调整，并实现建筑设计调整方案的三维可视化。

实验流程如图 8-11 所示。

8.3.5　实验过程

1. 建筑高度检查

在 SuperMap iDesktop 软件中，打开 data. smwu。在工作空间管理器中鼠标右键单击"buildingDesign"数据集，在右键菜单中选择"浏览属性表"。在弹出的属性表窗口中，选中 Height 列，右键选择"降序"，对建筑高度进行排序，结果如图 8-12 所示。

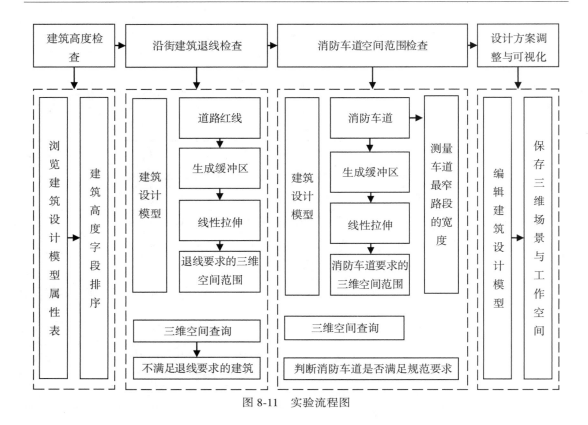

图 8-11 实验流程图

序号	RsmTriangleC...	RsmVertexCount	TopAltitude	BottomAltitude	Height
1	2,080	3,935	79.85105	0.000009	79.8510411875...
2	628	1,006	78.037688	0.000286	78.0374015178...
3	628	1,006	77.617205	0.000155	77.6170501746...
4	2,080	3,935	77.282674	0.000355	77.2823186824...
5	1,032	1,605	64.767511	1.45877	63.3087415685...

buildingDesign@data

☑隐藏系统字段 记录数:5/5 字段类型:双精度

图 8-12 建筑高度排序结果

查看排序结果,可知该地块的建筑高度最大值约为 79.85 米,满足"建筑高度≤80m"的要求。

2. 沿街建筑退线检查

1)确认退线距离

基于建筑高度字段的排序结果,可知该地块的建筑高度最大值约为 79.85 米,最小值约为 63.31 米,结合表 8-1 和图 8-10,该住宅区需要满足"100m>H≥60m"的退线要求,由此可知,位于地块东侧的城市次干道退线要求为 12m,位于地块北、西和南侧的城市支道路退线要求为 6m。

2) 生成缓冲区

在 SuperMap iDesktop 软件的工作空间管理器中,双击"redLine"数据集,在弹出的地图窗口中,选中位于地块北、西和南侧的道路红线。在功能区中,依次点击"空间分析"→"矢量分析"→"缓冲区"→"缓冲区"。在弹出的"生成缓冲区"对话框中,设置缓冲类型为"平头缓存",左半径和右半径为 6,结果数据的数据集为"redLineBuffer_1",其他参数采用默认值,点击"确定"按钮,获得地块北、西和南侧道路红线的退线范围,如图 8-13 所示。

图 8-13　生成缓冲区

重复以上操作,在弹出"生成缓冲区"的对话框中,设置缓冲类型为"平头缓存",左半径和右半径均为 12,结果数据的数据集为"redLineBuffer_2",其他参数采用默认值,点击"确定"按钮,获得地块东侧道路红线的退线范围,如图 8-14 所示。

图 8-14　生成缓冲区

3）线性拉伸

在工作空间管理器中，鼠标右键单击"redLineBuffer_1"数据集，在右键菜单中选择"添加到新球面场景"。在图层管理器中，右键选中"redLineBuffer_1@ data"图层，在右键菜单中选择"快速定位到本图层"。在三维场景窗口中，选中表示道路红线缓冲区的面对象。在功能区中，依次点击"三维地理设计"→"规则建模"→"规则建模"→"线性拉伸"。在弹出的"线性拉伸"对话框中，设置拉伸高度为 80，底部高程为 0，结果数据的数据集为"LinearExtrudeResult_1"，其他参数采用默认值，点击"确定"按钮，获得地块北、西和南侧道路红线退线要求的三维空间范围，如图 8-15 所示。

图 8-15　线性拉伸

重复以上操作，基于"redLineBuffer_2"数据集获取地块东侧道路红线退线要求的三维空间范围，如图 8-16 所示。

4）三维空间查询

在工作空间管理器中，按住 Ctrl 键，同时选中"buildingDesign""LinearExtrudeResult_1"和"LinearExtrudeResult_2"数据集，在右键菜单中选择"添加到新球面场景"。在图层管理器中，右键选中"redLineBuffer_1@ data"图层，在右键菜单中选择"快速定位到本图层"。在三维场景窗口中，选中表示地块北、西和南侧道路红线退线要求范围的模型对象。在功能区中，依次点击"空间分析"→"查询"→"空间查询"→"三维空间查询"，在弹出的"三维空间查询"对话框中，勾选"buildingDesign @ data"图层的复选框🗹，设置空间查询条件为"包含或相交_模型模型"，勾选"保存查询结果"，设置查询结果的数据集为

"SpatialQuery_1"，其他参数采用默认值，点击"查询"按钮，获得不满足退线要求的建筑，并在三维场景中高亮显示，如图 8-17 所示。

图 8-16　线性拉伸

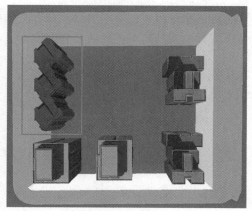

图 8-17　三维空间查询

在三维场景窗口中，选中表示地块东侧道路红线退线要求范围的模型对象。在功能区中，依次点击"空间分析"→"查询"→"空间查询"→"三维空间查询"，在弹出的"三维空间查询"对话框中，勾选"buildingDesign @ data"图层的复选框 ☑，设置空间查询条件为"包含或相交_模型模型"，勾选"保存查询结果"，设置查询结果的数据集为"SpatialQuery_2"，其他参数采用默认值，点击"查询"按钮，弹出提示框，表示未找到满足指定条件的对象，如图 8-18 所示。

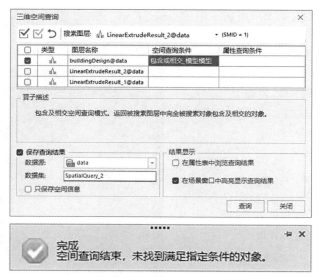

图 8-18　三维空间查询

3. 消防车道空间范围检查

1）测量消防车道宽度

在 SuperMap iDesktop 软件的工作空间管理器中，双击"firePath"数据集。在功能区中，依次点击"地图"→"操作"→"地图量算"→"测地线距离"。在地图窗口中，分别对两条消防车道的最窄路段进行宽度测量，单击鼠标左键选择测量的起点和终点，单击鼠标右键结束测量，可知两条消防车道的最窄宽度均大于 4 米，满足规范要求的净宽度，如图 8-19 所示。

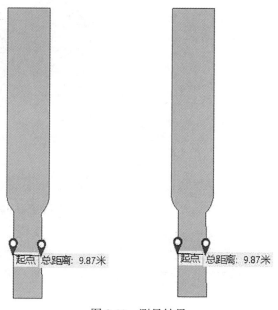

图 8-19　测量结果

2）生成缓冲区

在当前地图窗口中，同时按 Ctrl+A 键，选中所有几何对象，在功能区中，依次点击"空间分析"→"矢量分析"→"缓冲区"→"缓冲区"。在弹出的"生成缓冲区"对话框中，设置缓冲半径为 5，结果数据的数据集为"firePathBuffer"，其他参数采用默认值，点击"确定"按钮，获得消防车道的 5 米缓冲区范围，如图 8-20 所示。

图 8-20　生成缓冲区

3）线性拉伸

在工作空间管理器中，鼠标右键单击"firePathBuffer"数据集，在右键菜单中选择"添加到新球面场景"。在图层管理器中，右键选中"firePathBuffer @ data"图层，在右键菜单中选择"快速定位到本图层"。在功能区中，依次点击"三维地理设计"→"规则建模"→"规则建模"→"线性拉伸"。在弹出的"线性拉伸"对话框中，选择"所有对象参与操作"，设置拉伸高度为 4，底部高程为 0，结果数据的数据集为"LinearExtrudeResult_3"，其他参数采用默认值，点击"确定"按钮，获得消防车道三维空间范围要求的模型数据集，如图8-21 所示。

4）三维空间查询

在工作空间管理器中，鼠标右键选中"buildingDesign"数据集，在右键菜单中选择"添加到当前场景"。在三维场景窗口中，选中表示消防车道三维空间范围要求的其中 1 个模型对象。在功能区中，依次点击"空间分析"→"查询"→"空间查询"→"三维空间查询"。在弹出的"三维空间查询"对话框中，勾选"buildingDesign @ data"图层的复选框☑，设置空间查询条件为"包含或相交_模型模型"，勾选"保存查询结果"，设置查询结果的数据集为"SpatialQuery_2"，其他参数采用默认值，点击"查询"按钮，弹出提示框，表示未找到满足指定条件的对象，如图 8-22 所示。

在三维场景窗口中，选中表示消防车道三维空间范围要求的另一个模型对象。在功能区中，依次点击"空间分析"→"查询"→"空间查询"→"三维空间查询"。在弹出的"三维空间查询"对话框中，勾选"buildingDesign @ data"图层的复选框☑，设置空间查询条件为

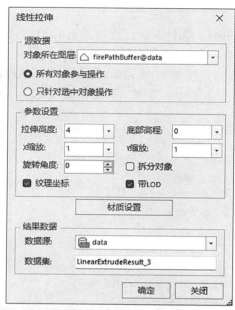

图 8-21　线性拉伸

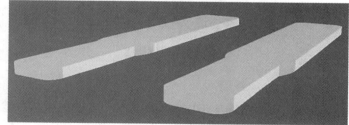

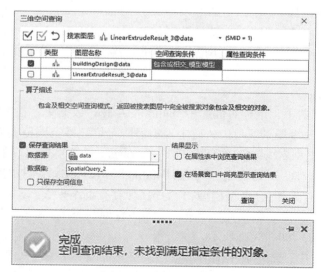

图 8-22　三维空间查询

"包含或相交_模型模型"，勾选"保存查询结果"，设置查询结果的数据集为"SpatialQuery_2"，其他参数采用默认值，点击"查询"按钮，弹出提示框，表示未找到满足指定条件的对象，如图 8-23 所示。由此可知，两条消防车道靠建筑外墙一侧的边缘与建筑外墙的距离、净空高度均满足规范要求。

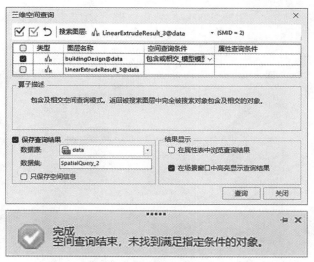

图 8-23　三维空间查询

4. 设计方案调整与可视化

1）编辑建筑设计模型

在工作空间管理器中，双击打开"scene"场景。按住 Ctrl 键，同时选中"LinearExtrudeResult_1""LinearExtrudeResult_2"和"LinearExtrudeResult_3"节点，在右键菜单中选择"添加到当前场景"，如图 8-24 所示。

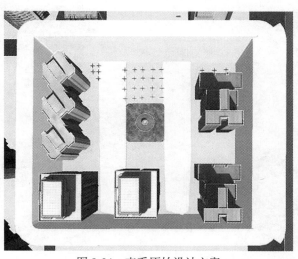

图 8-24　查看原始设计方案

　　在图层管理器中，点击"buildingDesign@ data"图层前的 ✎ 图标。在当前三维场景窗口中，选中不满足退线要求的建筑设计模型对象，根据退线要求和消防车道设计要求的三维空间范围，可向正东方向移动该模型对象的空间位置，以满足相关规划要求，因此拖动该模型对象到符合要求的位置，如图 8-25 所示。

　　在图层管理器中，点击"LinearExtrudeResult_1@ data""LinearExtrudeResult_2@ data"和"LinearExtrudeResult_3@ data"图层前的 👁 图标，设置图层状态为不显示，仅展示建筑设计方案调整结果，如图 8-26 所示。

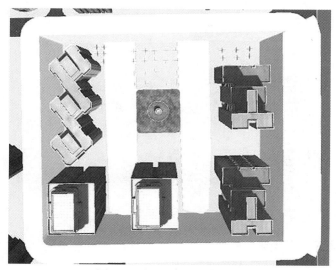

图 8-25　调整建筑设计方案

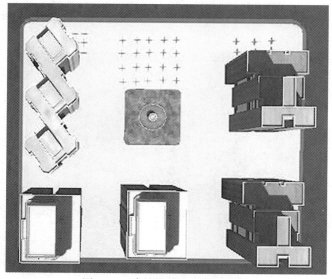

图 8-26　建筑设计方案调整结果

2）成果保存

在三维场景窗口中，单击鼠标右键选择"保存场景"。在工作空间管理器中，右键单击"data"工作空间，选择"保存工作空间"。

5. 实验结果

本实验数据最终成果为 data. smwu 和 data. udbx，具体内容如表 8-3 所示。

表 8-3　　　　　　　　　　　　　　　　　**成　果　数　据**

数据名称	类型	描　　述
LinearExtrudeResult_1	模型数据集	退线要求的三维空间范围，存储于数据源文件 data. udbx 中
LinearExtrudeResult_2	模型数据集	退线要求的三维空间范围，存储于数据源文件 data. udbx 中
LinearExtrudeResult_3	模型数据集	消防车道设计规范要求的三维空间范围，存储于数据源文件 data. udbx 中
SpatialQuery_1	模型数据集	不满足退线要求的建筑，存储于数据源文件 data. udbx 中
buildingDesign	模型数据集	建筑设计模型调整结果，存储于数据源文件 data. udbx 中
scene	三维场景	展示建筑设计方案调整结果的三维场景，存储于工作空间文件 data. smwu 中

综上，本实验通过 GIS 软件的空间编辑、处理、查询与三维可视化能力，基于建筑设计模型、道路红线和消防车道数据，结合相关规范，判断设计方案是否满足规划要求，并对建筑设计方案进行调整，最终获得调整方案的三维场景。

8.4　练习二　三维 GIS 在地下管网管理中的应用

8.4.1　实验要求

本实验以"地下管网数据三维可视化及分析"为应用场景，利用 GIS 工具的空间数据处理、三维拓扑构网以及三维 GIS 分析等功能，实现研究区域的三维地下管网管理与分析系统，具体要求如下：

（1）基于管线探查的二维数据，构建研究区域的三维地下管网可视化场景，要求管点可以自适应管线数据，实现管点中阀门数据以三维阀门符号的显示。

（2）基于水管爆裂位置，分析获得关键阀门（即最近的上下游阀门）、影响的管线和管点。

（3）以水管爆裂位置为中心，划定边长为 10 米的施工区域，并计算施工区域到地下管线挖深 16 米的挖土量。

8.4.2　实验目的

（1）强化对三维空间拓扑以及三维网络分析原理及方法的理解；

（2）熟练掌握 GIS 软件三维数据处理、拓扑构网与分析工具的使用方法；

（3）结合实际，掌握利用三维分析方法解决空间分析问题的能力。

8.4.3 实验环境

SuperMap iDesktop 10.2.1 及以上版本。

8.4.4 实验数据与思路

1. 实验数据

本实验数据采用 data. udbx，具体使用的数据明细如表 8-4 所示。

表 8-4 数 据 明 细

数据名称	类型	描 述
PipeLine2D	二维线数据集	研究区域的管线数据，已完成预处理与检查
PipePoint2D	二维点数据集	研究区域的管点数据，已完成预处理与检查
Accident_Point	点数据集	水管爆裂地面位置
Accident	CAD 数据集	地下管网爆裂位置的特效数据

2. 实验思路

实现地下管网数据三维可视化及分析应用，主要包括以下三个步骤：

（1）基于二维管线、管点数据，通过 GIS 软件的"类型转换""拓扑构网""三维符号化"工具，获得三维管线、三维管点、具有拓扑关系的三维网络数据以及地下管网可视化场景。

（2）基于三维网络数据以及爆管位置信息，使用 GIS 软件的"设施网络分析"工具，获得处理爆管事故的关键阀门、受影响的管线和管点的结果。

（3）通过 GIS 软件的"缓冲分析""对象绘制""开挖"以及"填挖方"工具，获得地面上爆管位置的施工范围以及预计的挖土量。

实验流程如图 8-27 所示。

说明：爆管分析主要用于查找爆管点上游或下游最近阀门的位置，根据管道流向指示，迅速找到上游中需要关闭的最临近且最少数量的阀门。关闭这些阀门后，爆裂管段与它的上游不再连通，从而阻止水的流出，防止灾情加重和资源浪费。

8.4.5 实验过程

1. 地下管网数据处理与可视化

1）二维管线和管点数据转为三维数据

在 SuperMap iDesktop 软件中，打开 data. udbx。在功能区中，依次点击"数据"→"类型转换"→"二维线数据->三维线数据"。在弹出的"二维线数据->三维线数据"对话框中，点击 ，添加 PipeLine2D 数据集，重命名结果数据集为 PipeLine3D，起始高程选择

"BottomAltitude"，终止高程选择"Z"，点击"转换"按钮，获得三维管线数据集，如图 8-28 所示。

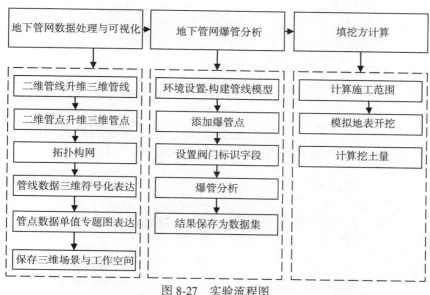

图 8-27 实验流程图

图 8-28 二维管线升维

　　在功能区中，依次点击"数据"→"类型转换"→"二维点数据->三维点数据"。在弹出的"二维点数据->三维点数据"对话框中，点击 ，添加 PipePoint2D 数据集，重命名结果数据集为 PipePoint3D，Z 坐标选择"Z"，点击"转换"按钮，获得三维管点数据集，如图 8-29 所示。

　　2）构建三维网络数据集

　　在 SuperMap iDesktop 软件功能区中，依次点击"交通分析"→"拓扑构网"→"构建三维网络"。在弹出的"构建三维网络数据集"对话框中，节点数据的数据集选择"PipePoint3D"，弧段数据的数据集选择"PipeLine3D"，结果数据集命名为"ResultNetWork"，点击"确定"，获得三维网络数据集，如图 8-30 所示。

图 8-29　二维管点升维

图 8-30　构建三维网络数据集

3）地下管网数据可视化

如图 8-31 所示，在工作空间管理器中，同时选中 Accident_Point、Accident 以及 ResultNetWork 数据集，单击鼠标右键，在菜单中选择"添加到新球面场景"。在图层管理器中，右键选中 ResultNetWork_Node@data 图层，在右键菜单中选择"快速定位到本图层"，将相机视角定位到数据所在区域。

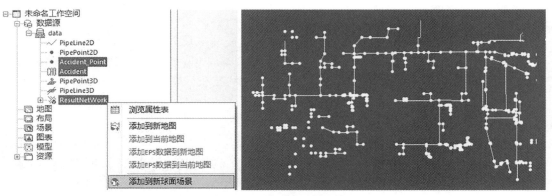

图 8-31　添加数据到场景

　　首先，在图层管理器中，同时选中 ResultNetWork_Node@ data 和 ResultNetWork@ data 图层，在软件上方功能区的"风格设置"选项卡中，"拉伸设置"组中设置高度模式为"绝对高度"，数据来自的选择框中选择"地下"，如图 8-32 所示。

图 8-32　风格设置和开启地下模式

　　在"场景"选项卡的"地下"组中，开启/关闭的选择框中选择"开启"，点击"透明度"按钮，如图 8-33 所示。在场景窗口中出现透明度滑动条，将其设置为 100%透明。在场景中通过鼠标将相机视角拉近地下管网数据。

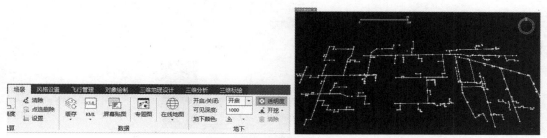

图 8-33　开启地下模式

　　其次，在图层管理器中鼠标右键单击 ResultNetWork@ data 图层，选择"图层风格…"，在弹出的"线型符号选择器"对话框中，首先选中对话框左侧边栏的"三维线型"选项卡，选择"圆管"符号，线宽设置为"1"，点击"确定"按钮，如图 8-34 所示，完成对管线的三维符号化表达。

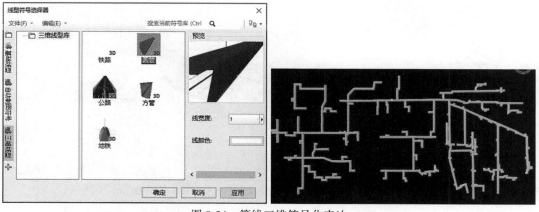

图 8-34　管线三维符号化表达

在图层管理器中右击 ResultNetWork_Node@ data 图层，选择"制作专题图..."，在弹出的"制作专题图"对话框中，选择单值专题图。在"专题图"面板中，单值表达式选择"Name"，在专题子项表格中，同时选中三通、两通、四通、弯头和焊点的行，点击表格上方的风格图标 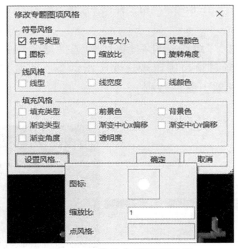。如图 8-35 所示，在弹出的"修改专题图项风格"对话框中，勾选"符号类型"，点击"设置风格..."按钮，在出现的面板中点击"点风格"右侧的按钮，弹出"点符号选择器"对话框。

图 8-35　修改专题子项风格

依次点击对话框的菜单"编辑"→"新建符号"→"新建三维自适应管点符号..."，在"三维自适应管点符号编辑器"对话框中设置转角细分数为"8"，如图 8-36 所示，依次点击"确定"按钮，完成除阀门外的其他管点的符号化设置。

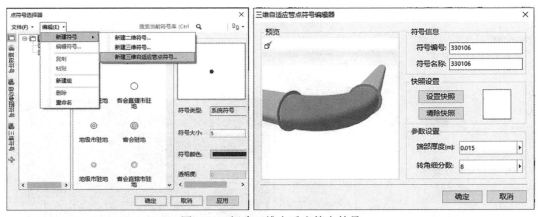

图 8-36　新建三维自适应管点符号

在"专题图"面板的专题子项表格中选中阀门的行，点击表格上方的风格图标 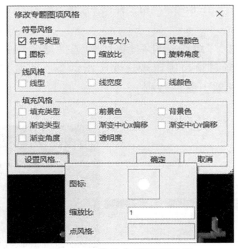，点

击"点风格"右侧的按钮，在弹出的"点符号选择器"对话框中，点击左侧边栏的"三维符号"选项卡，在三维点符号库的树节点中点击"管点"节点，选择符号列表中的"阀门"符号，设置缩放比例为"4"，点击"确定"按钮，完成阀门的三维符号化表达，如图 8-37所示。

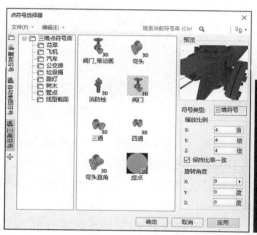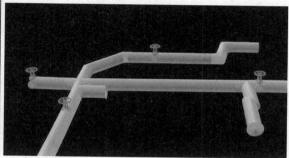

图 8-37　阀门符号设置

通过鼠标浏览并检查管网数据，最后保存该场景（命名为 Pipe3D）和工作空间（命名为Pipe3D. smwu）。

2. 地下管网爆管分析

1）环境设置

依次点击软件功能区的"空间分析"选项卡→"设施网络分析"组→"网络分析"→"爆管分析"，系统会依次弹出两个提示窗口，分别是关于符号库导入和关于环境设置的建议，依次点击"是"和"确定"按钮，如图 8-38 所示。此时，出现"环境设置"和"实例管理"窗口。

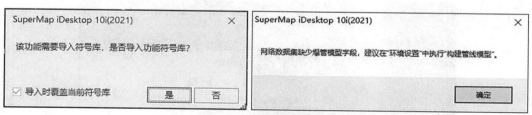

图 8-38　提示窗口

在"环境设置"窗口，点击 的倒三角，并选择"构建管线模型"命令，弹出"构建管线模型"对话框，如图 8-39 所示。阀门标识选择"FMID"，其他保持默认设置，点击"确定"按钮。

图 8-39　环境设置

此时，发现该场景窗口新增四个图层，同时原场景中 ResultNetWork_Node@ data 和 ResultNetWork@ data 为不可见状态。由于本实验对管点数据可视化表达采用了专题图的方式，因此需要该专题图图层也设置为不可见，即在图层管理器中，点击管点专题图图层 ResultNetWork_Node@ data#1 前的 👁 图标，使其变为 👁̸ 。

说明：构建管线模型后，可以发现系统为三维网络数据集创建了接头模型、管线模型、接头模型旋转及接头模型缩放等相关的字段信息，在爆管分析的时候，会隐藏原三维网络模型数据集的可视化显示，而依据上述字段值符号化表达三维管网和高亮分析结果。

2）执行爆管分析

首先添加爆管点。GIS 软件提供两种方式添加爆管点，一种是在三维网络图层中单击鼠标完成爆管点的添加；另外一种是导入点数据的方式，将点数据集中的点对象导入作为爆管点。本实验采用第一种方式。

调整三维场景的相机视角，使其很接近爆管点的位置，以便保证拾取爆管点时落在管线上。在软件界面右侧的"实例管理"窗口，选中"爆管点"，点击 ➕，鼠标移动到三维场景中，在实验给出的爆管点位置单击，如图 8-40 所示，"实例管理"窗口获得一个爆管点。

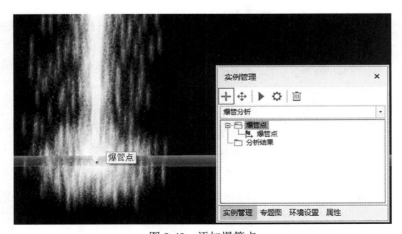

图 8-40　添加爆管点

提示：鼠标单击爆管点位置后，在"实例管理"窗口没有增加爆管点，说明拾取失败，可能拾取的位置没有在管线上，因此，调整相机视角，使其最大限度地接近爆管点和管线位置。

其次，在"实例管理"窗口点击参数设置按钮 ⚙，在弹出的"爆管分析设置"对话框中，阀门标识字段选择"FMID"，如图 8-41 所示，点击"确定"按钮。

说明：FMID 字段代表管点数据中阀门的 ID，该字段大于 0 的均表示是阀门。

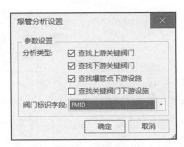

图 8-41　爆管分析设置

再次，在"实例管理"窗口点击执行按钮 ▶，分析结果将分别显示在"实例管理"窗口和三维场景窗口，如图 8-42 所示。在"实例管理"窗口鼠标右键单击"关键阀门"，选择"保存为数据集"，将关键阀门的结果保存到数据集中。采用相同的操作方法将受到影响的管线和管点保存到数据集中存储。关键阀门和受影响的管线和管点，将有助于相关部门对突发事件的快速处理。

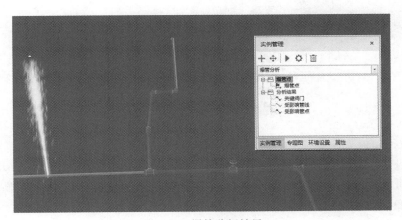

图 8-42　爆管分析结果

3. 填挖方计算

1）计算施工范围

首先，在 GIS 软件功能区依次点击"空间分析"→"矢量分析"组→"缓冲区"→"缓冲区"，弹出"生成缓冲区"对话框，缓冲数据的数据集选择"Accident_Point"，缓冲半径的数值型参数设置为"5"，如图 8-43 所示，点击"确定"按钮。地图窗口打开该缓冲区数据。

图 8-43　爆管点的施工范围缓冲区

其次，在地图窗口选中该缓冲区对象，单击鼠标右键选择"属性"，在出现的"属性"窗口中，获得该对象外接矩形坐标，如图 8-44 所示，即施工范围(矩形)的坐标。

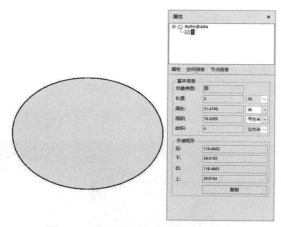

图 8-44　获取缓冲区的外接矩形坐标

再次，在 data 数据源中，新建二维面数据集，命名为 construction_R，坐标系设为"GCS_WGS_1984"，将其添加到新地图窗口。在图层管理器窗口，设置 construction_R@data 图层为可编辑状态，即激活 ✏ 图标。本实验基于上述缓冲区的外接矩形坐标采用参数化绘制对象的方法完成施工范围矩形的绘制。

在 GIS 软件功能区依次点击"对象操作"→"对象绘制"组→"面"→"直角矩形"，此时鼠标移动到地图窗口时鼠标呈现"十"字形状，右下角显示当前鼠标位置的 x 值和 y 值。单击键盘的 Tab 键，x 坐标输入框呈现选中状态，输入矩形左上角的 x 坐标值 116.466195430751，再次点击键盘 Tab 键，y 坐标输入框呈现选中状态，输入矩形左上角 y 坐标值 39.9104386892146，点击 Enter 键完成直角矩形左上角节点坐标的绘制。鼠标向右下方平移一下，依次点击 Tab 键，输入 x 值 116.466312382467，点击 Tab 键，输入 y 值

39.910348625828，点击 Enter 键完成矩形右下角节点坐标绘制。最后，单击鼠标右键完成直角矩形对象的绘制。

将 Buffer 数据集添加到当前地图窗口，在图层管理器中，右键选中"Buffer@ data"图层，在右键菜单中选择"全幅显示本图层"，可以看到绘制的直角矩形对象与爆管点缓冲范围的关系，如图 8-45 所示，因此该矩形对象即为实验要求边长为 10 米的施工区域。

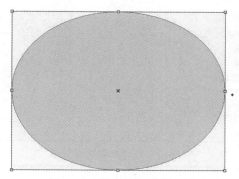

图 8-45　缓冲区与对接矩形

依次点击 GIS 软件功能区"数据"选项卡→"数据处理"组→"类型转换"→"二维面->三维面"，在弹出的"二维面数据->三维面数据"对话框中，添加 construction_R 数据集，设置结果数据集为 construction_3DR，z 坐标为"0"，如图 8-46 所示，点击"转换"按钮，获得施工范围的三维面数据，其高程为 0。

图 8-46　施工范围二维面数据转换

2）模拟地面开挖场景

在工作空间管理器中，双击场景 Pipe3D 节点打开该场景。在软件功能区"场景"选项卡中，点击"地下"组中的"透明度"按钮，在场景窗口的透明度滑动条中滑动至"0"的位置。

为了增强三维场景的空间可读性，为其添加"天地图"底图数据。在图层管理器中，右击"普通图层"节点，选择"打开天地图服务图层..."，如图 8-47 所示，在弹出的"打开天地图服务图层"对话框中点击"确定"按钮。

图 8-47　添加地面底图数据

在工作空间管理器中，将 construction_3DR 数据集添加到当前 Pipe3D 场景窗口中，在图层管理器中，双击该图层，将相机视角调整到施工范围。

在 GIS 软件功能区，依次点击"场景"选项卡→"地下"组→"开挖"→"多边形开挖"，如图 8-48 所示，在软件界面右侧的"多边形开挖"窗口，设置地下深度参数为"20"，取消"地表透明"的勾选状态，点击导入挖洞面图标，在弹出的"导入挖平面"对话框中，数据集选择"construction_3DR"，单击"确定"按钮。

图 8-48　开挖设置

278

　　由于三维场景中 construction_3DR 面对象的遮挡看不到挖洞效果，因此，在图层管理器中，将 construction_3DR@ data 图层设置为不可见，爆管点位置地面开挖 20 米的模拟场景如图 8-49 所示。

图 8-49　爆管点施工场景模拟效果

　　3）填挖方计算

　　在 GIS 软件功能区依次点击"三维分析"选项卡→"空间分析"组→"填挖方分析"，在界面右侧的"填挖方分析"窗口，设置附加高度为"16"，点击导入图标⬆，弹出"导入分析区域"对话框，数据集选择"construction_3DR"，点击"确定"按钮，回到"填挖方分析"窗口，点击分析图标▶，结果显示在下方填挖方信息框中，如图 8-50 所示。由图可知，对爆管点区域挖地 16 米，会产生 157.5 平方米的土量。

图 8-50　填挖方设置与结果

4. 实验结果

本实验数据最终成果为 Pipe3D. smwu 和 data. udbx，具体内容如表 8-5 所示。

表 8-5 　　　　　　　　　　　　　　成 果 数 据

数据名称	类型	描　　述
ResultNetWork	三维网络线数据集	具有拓扑关系的地下管网数据模型
Pipe3D	三维场景	研究区域的地下管网可视化场景
construction_3DR	三维面数据集	爆管点周边边长为 10 米的施工范围

综上，本实验基于二维管点和管线数据，通过 GIS 软件的拓扑构网、类型转换、三维符号化表达以及设施网络分析工具，实现研究区域的地下管网三维符号化表达，并对爆管事故的处理方案给出了针对性的辅助意见。

问题思考与练习

请运用本教材所学的知识，基于提供的实验数据，回答下面的应用问题，最终提交实验报告，包括解题思路、实验步骤以及实验结论和总结。

应用问题：某地块规划建设 1 栋商业楼，请基于建筑规划平面数据（buildingRegion 数据集）及设计高度（60m）进行评估，判断该规划楼盘是否满足以下规划要求并反馈评估意见：

（1）城市风景线影响分析：要求规划建筑不得影响指定观景点的现有城市风景。
（附上观景点信息 . xlsx，包含观景点坐标值、观景角度、方向）

（2）规划模型限高评估反馈：要求在不影响当前城市风景的前提下，获得的限高分析结果与原规划模型求交，获得评估反馈的规划模型的三维轮廓（模型），以指导建筑设计。

（3）日照影响评估：根据规划模型的三维轮廓（模型），构建 2022 年 12 月 22 日（冬至日）12:00、13:00 和 14:00 的阴影体，评估规划模型对周边现有建筑的日照影响。

实验数据：CBD. smwu，CBD. udbx，观景点信息 . xlsx。

第 8 章实验操作视频

第 8 章实验数据

参 考 文 献

[1]吴文中，吴立新，李清泉，等．三维空间信息系统模型与算法[M]．北京：电子工业出版社，2007：1-268．

[2]龚健雅．当代地理信息系统进展综述[J]．测绘与空间地理信息，2004(01)：5-11．

[3]肖乐斌，钟耳顺，刘纪远，等．三维GIS的基本问题探讨[J]．中国图象图形学报，2001(09)：30-36．

[4]朱庆，张利国，丁雨淋，等．从实景三维建模到数字孪生建模[J]．测绘学报，2022，51(6)：1040-1049．

[5]王继周，李成名，林宗坚．三维GIS的基本问题与研究进展[J]．计算机工程与应用，2003(24)：40-44．

[6]毛志红．地理信息系统(GIS)发展趋势综述[J]．城市勘测，2002(01)：25-28．

[7]施加松，刘建忠．3D GIS技术研究发展综述[J]．测绘科学，2005(05)：117-119，8．

[8]李青元，林宗坚，李成明．真三维GIS技术研究的现状与发展[J]．测绘科学，2000(02)：47-51．

[9]汤国安．地理信息系统教程[M]．2版．北京：高等教育出版社，2019．

[10]汤国安，刘学军，等．地理信息系统教程[M]．2版．北京：高等教育出版社，2019．

[11]中国科学院地理科学与资源研究所．中华人民共和国1：100万数字地貌制作规范[M]．北京：科学出版社，2005．

[12]毛建影，刘学珍．基于GIS的先进公路选线设计方法研究[J]．黑龙江交通科技，2016，6．

[13]中共中央，国务院．关于建立国土空间规划体系并监督实施的若干意见[Z]．2019．

[14]王芙蓉，徐建刚，姚荣景，等．基于规划实体的国土空间规划"一张图"构建[J]．测绘通报，2020(12)：65-70．

[15]自然资源部．资源环境承载能力和国土空间开发适宜性评价指南(试行)[Z]．2020．

[16]仇巍巍，陈从喜，项家铀，等．三维GIS在国土空间规划中的应用综述[J]．国土资源信息化，2022，7：1-6．